区域水资源
多目标均衡调度研究与应用

王婷 著

中国水利水电出版社
www.waterpub.com.cn
·北京·

内 容 提 要

本书针对水生态文明建设中水资源安全保障问题，以水资源调度为核心，系统提出了以"水库入流预报—地下水循环修正—水量宏观决策—水利微观运行—调度效果评价"为具体调控手段的区域水资源多目标均衡调度技术体系，研究地表水、地下水资源量动态变化情况下的水量宏观配置技术，探讨区域水资源宏观配置与微观调度运行的耦合机制，构建区域水资源多目标均衡调度模型并求解，对多目标均衡调度效果进行评价，形成了一整套区域水资源多目标均衡调度技术，可为水生态文明试点建设和水资源安全保障提供强有力的技术支撑和决策参考。

本书可供水资源规划及相关领域的科技工作者、管理人员参考使用，也可供大专院校相关专业师生参阅。

图书在版编目（CIP）数据

区域水资源多目标均衡调度研究与应用 / 王婷著
. -- 北京：中国水利水电出版社，2020.12
ISBN 978-7-5170-9333-6

Ⅰ. ①区… Ⅱ. ①王… Ⅲ. ①区域资源—水资源管理
—研究 Ⅳ. ①TV213.4

中国版本图书馆CIP数据核字(2020)第270256号

书　　名	区域水资源多目标均衡调度研究与应用 QUYU SHUIZIYUAN DUOMUBIAO JUNHENG DIAODU YANJIU YU YINGYONG
作　　者	王婷　著
出版发行	中国水利水电出版社 （北京市海淀区玉渊潭南路 1 号 D 座　100038） 网址：www.waterpub.com.cn E-mail：sales@waterpub.com.cn 电话：(010) 68367658（营销中心）
经　　售	北京科水图书销售中心（零售） 电话：(010) 88383994、63202643、68545874 全国各地新华书店和相关出版物销售网点
排　　版	中国水利水电出版社微机排版中心
印　　刷	北京虎彩文化传播有限公司
规　　格	170mm×240mm　16 开本　8.25 印张　162 千字
版　　次	2020 年 12 月第 1 版　2020 年 12 月第 1 次印刷
印　　数	001—600 册
定　　价	45.00 元

前　言

　　水是基础性的自然资源和战略性的经济资源，随着经济的高速发展和社会的不断进步，水资源短缺已经日趋影响到各国经济的发展及社会的稳定，其重要性已经受到社会各界的关注。近年来，随着国民经济的发展，我国水资源供需矛盾逐渐凸显，加之日常活动带来的水污染问题以及全球气候变化、人类活动加剧等造成的水资源供需不平衡的严峻形势，已成为制约我国社会经济可持续发展的主要因素之一。我国淡水资源总量约为 2.8 万亿 m^3，占全球水资源的 6%，仅次于巴西、俄罗斯和加拿大，位列世界第四，但水资源总量丰富的背景下，人均水资源量却严重偏低。面对自然界有限的可利用水资源量，如何实现其高效可持续利用已成为全社会共同关注的重大问题。

　　21 世纪以来，随着城市规模的不断扩大以及经济条件的不断改善，城市对水资源的需求越来越大，造成很多城市水资源与经济社会发展的供需不平衡。城市水资源系统复杂多变，其水源多样化，各类用水户对水源的数量与质量在时空上要求不一，城市复杂系统的水资源调配问题是一个典型的多水源多目标优化调配问题，实际上是求一个能满足各个目标之间利益的"均衡"解，而非单个目标的最优解。因此，在城市水资源总量控制的基础上，如何更加科学地实现对城市水资源的宏观规划与具体调度运行成为了当今水资源领域的重要研究课题。

　　为此，本书深入分析区域水资源系统"多目标""均衡性"的特点与内涵，以水资源调度为核心，系统提出了以"水库入流预报—地下水循环修正—水量宏观决策—水利微观运行—调度效果评价"为具体调控手段的区域水资源多目标均衡调度概念模型与技术体系。同时，深入研究水资源宏观配置与微观调度的耦合方式及模拟模型，并对基于宏观配置的区域水资源多目标均衡调度方案进行效果评价，分析规划与管理相结合后的水资源运行方式对社会、经济、生态环境等系统内在的协调性与互动性的影响。最后，对山东省济南市水资源系统开展了应用研究。

本书的出版得到了水利部公益性行业科研专项经费项目"水生态文明建设关键技术研究与示范（项目编号：201401003）"的资助。本书是在前期研究成果《济南市水生态文明建设水资源保障技术研究》基础上，对水生态文明建设中区域水资源保障技术进一步研究并凝练而成。本书共分为7章，分别为：绪论、区域水资源多目标均衡调度基本理论、区域水量宏观总控配置研究、区域水资源多目标均衡调度模型构建与求解、区域水资源多目标均衡调度效果评价、应用研究、总结与展望。

在课题研究和本书撰写过程中，得到了山东省水利厅、山东省水利科学研究院、山东省水利设计院、济南市水利局、济南市水文局、济南市水利设计院、河海大学等单位领导和专家的大力支持与帮助。对支持和帮助过本课题研究及本书撰写出版工作的有关单位领导及专家，致以衷心的感谢和崇高的敬意！

由于作者水平所限，加之时间仓促，书中难免错误及疏漏之处，敬请读者批评指正。

作者

2020 年 10 月

于北京

目　　录

第 1 章

绪　　论

1.1　研究背景与意义

水资源是社会经济稳定发展的重要保障之一，其重要性已经受到社会各界的高度关注。近年来，随着社会经济的快速发展，以及受全球气候变化、人类活动加剧、水污染等因素的影响，我国水资源供需矛盾已经逐渐凸显，成为了制约社会经济可持续发展的主要因素之一。因此，有必要按照"节水优先、空间均衡、系统治理、两手发力"的治水新思路，围绕国家重点战略发展需求和区域资源环境条件，系统研究能够促进水资源可持续利用的方式方法。

我国先后出台了一系列与水资源管理、利用等有关的政策。2011 年，中央 1 号文件《关于加快水利改革发展的决定》（国发〔2011〕1 号）中明确要求实行最严格水资源管理制度，确立水资源开发利用控制红线、用水效率控制红线和水功能区限制纳污红线；2012 年，国务院 3 号文件《关于实行最严格水资源管理制度的意见》（国发〔2012〕3 号）进一步对我国未来一段时期在水资源高效利用方面提出了具体要求；2013 年，党的十八大在水利宏观布局、水资源高效管理等方面作出了重要部署，同时传达了水生态文明建设重要精神；2016 年，中共中央办公厅、国务院办公厅印发的《关于全面推行河长制的意见》中明确指出全面推行河长制是落实绿色发展理念、推进生态文明建设的内在要求，也是解决中国复杂水问题、维护河湖健康生命的有效举措。目前，我国对水资源方面的关注，已从以往对水资源的开发利用向水资源的高效配置、节约与保护方向转移[1]。因此，在水资源总量控制的基础上，提高水资源利用效率、促进人水和谐发展成为了新时期水资源管理工作的重中之重，而加强水资源的管理调控为这项工作提供了重要方向。

随着区域经济的不断发展，水资源管理调配工作已从单一的调配目标逐渐向多目标发展，已从以往单纯注重社会经济利益逐渐向兼顾生态环境利益考虑。同时，水资源管理调配系统已不再局限于单一水源调配，多水源联合调配已逐渐成为国际研究热门话题，区域复杂系统的水资源调配问题是一个典型的多水源多目标优化调配问题。因此，研究区域复杂系统的水资源调配问题，归根结底是在保障水质安全的前提下，利用不同水利工程，使得有限的水资源（不同水源的综合）能够尽可能满足不同用水目标在不同时段的水资源需求。为此，开展水资源多目标均衡调度是适应区域水资源供需特点、合理有效利用水资源的重要途径。

水资源与经济社会发展的不平衡已经成为了我国新时期的典型现象，这也造成了很多区域水资源供需不平衡，且未来随着全球气候变暖，生活、生产及生态用水需求量将会有一定幅度的增长[2]。为了缓解区域供水紧张的局面，对水资源进行科学的规划以及合理的调配显得尤为必要。水资源配置和水资源调度是实现水资源合理调配的两个不可分割的步骤，通过水资源合理配置实现宏观层面的水资源整体规划，通过水资源调度将配置方案落实到微观调配实践当中，可以看出，只有将水资源合理配置方案作为调度方案的总控，两者相互嵌套，才能保障水资源调度整体的合理性。水资源合理配置的模拟是根据多年历史来水系列和相应年份的用水资料，建立合理配置模型进行长系列运行操作求得的，它反映了在多年来水情况下，为获得全系统最佳效益所应遵循的调度方式。在通常情况下，可利用该配置模型制订年调度运行计划，并可获得相应多年系列的最佳效益。然而，把该配置模型应用于某个具体调度时段（如旬、日等）进行调度时，未必能获得最佳效益，甚至出现较大的偏差，同时这种模型也无法准确描述系统在具体调度时段的状态，无法给出某一具体时段的调度过程，所以需要研究水资源在具体时段的最优调度决策。因此，如何实现水资源宏观配置与水资源微观调度的紧密耦合是今后在水资源调配研究领域中应该着重思考的课题。

为此，本书基于可持续发展理论、均衡理论及优化调度理论，将宏观的水资源配置规划与微观的水资源调度管理相结合，把配置方案的输出结果作为调度模型的用水边界数据。同时，对基于宏观配置方案的水资源调度方案进行水生态可持续性评价，分析规划与管理相结合后的水资源运行方式对社会、经济、生态环境等系统内在的协调性与互动性的影响，以实现未来水资源的宏观规划与运行管理的相协调，对科学、合理、可持续利用区域水资源及保障区域水资源安全等具有重要的理论与实际意义。

1.2 国内外研究进展

1.2.1 水资源配置理论与技术研究进展

水资源配置是在统筹考虑流域或区域社会、经济、生态环境等多重目标的前提下，为解决区域间、代际间、不同用水户间的竞争性用水问题，对流域或区域有限可利用水资源进行重新分配的过程，其研究历程与人类社会、经济、科学技术水平等的发展息息相关。水资源配置在研究尺度上，经历了从 20 世纪 50 年代的基于水库、电站等单一水利工程控制单元的宏观配置，到 60—70 年代之后的流域、区域以及跨流域水资源配置等研究过程；在研究主体上，经历了从单一的水量配置到水质、水量联合调控，从单一的地表水水源配置到地表水、地下水、非传统水源及外调水等多水源联合调控的过程；在研究方法上，经历了由单一数学规划模型到向量优化、模拟技术等多方法并行的过程，且在高速发展的科学技术背景下，水资源配置技术也由原来的单纯简单数学规划逐渐向模拟优化、人工智能、空间技术过渡[3]。国外关于水资源配置的研究起源于水资源量的宏观配置，且之后更注重对水资源配置各要素的探索，如水量、水质、水权等；而国内对水资源配置的研究，则更注重理论方法体系的挖掘及与实践的结合验证等。

1. 国外水资源配置研究动态

国外水资源配置的萌芽起于 1922 年美国科罗拉多河流域的 7 个州共同签订的水资源分配协议，而实际意义上对水资源宏观配置的研究则应源于 20 世纪 40 年代美国学者 Masse 所提出的以水资源宏观配置为目的的水库优化调度问题。

（1）单纯注重水量的水资源配置阶段。20 世纪 50—60 年代，随着水资源配置理论方法和技术手段的不断提升，复杂水资源系统的配置问题也能够得到很好的解决。Emery 等[4]通过构建水库调度问题的模拟模型解决了尼罗河流域水量宏观配置问题。同年，科罗拉多的几所大学秉持着宏观配置的思想，在对研究区域计划需水量进行合理估算的基础上，同时系统研究了能够满足未来需水量的有效途径。70 年代以后，基于之前大量的研究积累，关于水资源配置方面的研究成果逐渐增多，这期间对水资源配置的系统分析方法及模型技术也日益丰硕。其中，在 Buras 出版的《水资源科学分配》[5]一书中，系统阐述了动态规划与线性规划在水资源宏观配置中的应用途径。之后，Dudley 等[6]运用动态规划的方法研究了灌区水资源宏观配置问题。Haimes 等[7]综合考虑地表水、地下水的联合调配效益，从多水源多目标角度出发，构建了水资源宏观配置模型对多水源水资源量进行宏观配置。之后，Cohon 等[8]在此基础上，对多目标水资源规划编程技术进行了系统研究。1979 年，美国麻省理工学院（MIT）在大规模水资源配置研究过程中，应用模拟模型技术对阿根廷 Colorado 流域水量的利用进行了系统研究，并提出了基于多目标技术的规划理论。80 年代以后，系统分析方法在水资源规划和管理方面的应用更加成熟，同时伴随着计算机技术的日益成熟与地理信息系统的蓬勃发展，水资源配置研究在广度和深度上都得到了不断延伸。其中，Loucks 等[9]发表的《水资源系统规划与分析》及 Yeh[10]发表的《水库管理和经营模式》是该时期较为典型的理论研究成果。前者主要从运用系统分析方法指导水资源工程规划、设计及运行管理的角度对水资源规划进行全面阐述，后者在全面回顾 20 世纪 60 年代以来水库运行、管理数学模型的基础上，分析其利弊，并将水资源领域的系统分析方法划分为线性与非线性规划、动态规划和模拟技术等[11]。英国学者 Herbertson 等[12]采用系统分析与模拟模型技术对潮汐海湾多利益冲突部门之间的水量分配进行了研究。Pearson 等[13]应用二次规划方法对 Nawwa 地区的水量分配进行了模型研究，模型以地区产值最大为目标，并着重考虑了水库调度曲线及未来水资源需求量的变化。荷兰学者 Romijn[14]在考虑多用水户之间相对利益关系及水资源各项功能的基础上，建立了多层次水量分配模型对区域水资源量进行多层次分配研究。同年，在美国召开的"水资源多目标分析"会议进一步对多目标决策理论与技术在水资源管理领域的应用进行了系统概述。Willis 等[15]考虑地表水、地下水联合调控管理因素，以研究区供水费用最小、缺水损失最小为目标，运用线性规划与 SUMT 法构建了水资源配置模型并进行了求解。之后，Willis 等[16]在之前的研究基础上对水资源配置模型进行优化，将地下水相关方程耦合到模型的约束条件中，并以中国华北平原地区为例构建了地表水-地下水耦合规划模型。在这之后，多用户交互式模型以其能够体现资源分配的公平性被逐渐熟知，最为典型的案例为 Salewicz 等[17]开发的为帮助协调各用水户之间相互利益的交互式流域协商模拟模型(IRIS)，该模型能够提高公众对水资源分配的参与度，体现了水资源配置的公平性。

（2）考虑水质的水资源配置阶段。20 世纪 90 年代前后，人类社会经济快速发展所带来的对水资源的巨大需求与水资源短缺之间的矛盾愈演愈烈，伴随而来的水污染事件也层出不穷。面对这一现象，国外学者开始将水资源配置研究的侧重点转向水质因素、生态环境效益等方面[18-19]。学术界对水质的研究可追溯到 1925 年由 Streeter-Phelps 建立的水质模型，可见水质模型研究历史相当久远[20]。然而，20 世纪 90 年代之前，人们对水质的研究仅限于环境科学领域，尚未将其引入到水资源开发利用领域，这两个领域长期以来交叉互动极少，因此在这之前缺乏将水质因素考虑到水资源宏观配置中的研究成果。随着学科交叉的推动，人们逐渐认识到水质对于水资源合理配置的重要性与必要性，在此时期出现了不少研究成果，很多国家也因此制定了地表水和地下水的水质标准，并建立了河、湖、库等水利工程的各类水质模型[21-22]。Afzal 等[23]针对不同水源水质差异问题，通过建立水资源分配线性规划模型，对巴基斯坦某一供水系统内有限的地表水资源量及水质较差的地下水资源量进行合理分配。Percia[24]在综合考虑不同用水户对供水水质差异的基础上，以经济效益最大化为目标函数构建了多水源联合配置模型。Kumar 等[25]针对流域水质污染问题，建立了模糊数学优化模型，并从经济与技术两方面给出了可行性建议。随着决策支持系统的不断深入发展，水量水质联合调控也逐渐受到学者们的广泛关注。Loftis 等[26]

采用水量、水质双重目标下水资源模拟模型与优化模型相结合的方式，确定了研究区湖泊水资源调控管理方法。Pingry 等[27]在研究科罗拉多流域上游河流水量配置问题上，将污染物处理水平作为变量，建立了水质水量联合调度决策支持系统来研究水资源配置和水污染处理的均衡解。Willey 等[28]在全面分析水质模型（HEC5Q）发展历程和解析其数学模型的基础上，将水质控制目标加入到模型目标函数中，研究水库下泄水对下游水质的影响。

（3）考虑水权的水资源配置阶段。21 世纪以来，水权问题在国际上受关注度不断上升，由此而衍生出考虑水权的水资源配置研究热潮。通过在水资源配置阶段，考虑水资源产权界定、水权政策安排和相关经济机制，可以消除先前完全依靠市场或者政府来进行水资源配置的弊端，能够极大地提高水资源配置效率。从政治经济学角度，通过引入博弈论、宏观决策、水权交易等观念，将水资源配置与国家经济建设、社会发展等目标联系起来，同时能够最大限度地发挥水资源配置的公平性。近年来，考虑水权因素的水资源配置研究也取得了一定的成果。Bielsa 等[29]在研究西班牙东北地区的一个灌溉水电系统的水资源配置问题时，考虑环境、机构及法律的水权优先，通过建立合作博弈模型与非合作博弈模型并求解，最终使得当地水资源及经济方面都取得了不错的效益。Wang 等[30]利用合作博弈理论构建了二层次水资源配置模型，首先在现有水权分配模式基础上对博弈各方进行初始水权分配，继而通过调水的方式进行水资源的有效再分配研究。Kucukmehmetoglu 等[31]在研究幼发拉底河和底格里斯河水资源如何在沿岸土耳其、叙利亚和伊朗 3 个受水国家的城市用水和农业灌溉用水间进行合理分配时，基于初始水权理论构建了水资源配置线性规划模型，结果表明该模型所得水资源配置方案能够使得各受水方净收益最大化。Hou 等[32]基于博弈论思想建立了基于水权分配的资源配置模型，并将水市场、政策管理和水权交易等要素加入到水资源配置具体过程中进行了研究。Zaman 等[33]基于澳大利亚在进行灌溉用水水权交易时缺乏决策支持工具等现状，提出了一个综合考虑水权交易的经济和生物物理因素的水资源配置经济交易模型。Lumbroso 等[34]在研究东英吉利地区上乌斯和贝德福德乌斯河流域水资源配置时，提出将取水许可证和水权交易等理论应用其中，从而提高其水资源配置与利用效率。随着计算机技术的日益成熟，一些人工智能算法（如遗传算法、神经网络等）和智能软件（如 MIKEBASIN、GIS 等）也逐渐被引入到考虑水权因素的水资源配置研究中。Minsker 等[35]采用遗传算法对不确定性条件下研究区的多目标水资源配置问题进行了建模与求解，结果表明遗传算法能更快更优地模拟区域水资源多目标分配问题。Mckinney 等[36]运用 GIS 系统对流域水资源配置进行了尝试，结果表明将 GIS 系统与水资源管理系统相结合能够更加真实地模拟流域水资源动态分配过程。Abolpour 等[37]基于改进的自适应神经模糊强化学习

（ANFRL）模型，解决了水资源宏观配置模型中的不确定复杂性问题。Davijani 等[38]采用粒子群算法构建了区域水资源宏观配置模型，结果表明可通过优化水资源分配方式来取得区域工业、农业就业岗位利益最大化。

2. 国内水资源配置研究动态

国内水资源配置研究起步较晚，最初是从 20 世纪 60 年代开始，但基于我国水资源问题的复杂性及特点的鲜明性，国内对水资源配置的研究发展很快，且内容更加丰富，在理论方法体系研究基础上，也开展了大量的实践应用研究。

（1）基于水库调度的水资源配置阶段。国内对水资源配置的研究起源于对水库优化调度的研究，主要集中在 60—80 年代。其中，吴沧浦[39]提出的基于年调节水库的最优化运用 DP 模型，是国内最初的水资源宏观配置的雏形。之后，对水库的优化调度研究转移到了调度方法上，分别经历了以常规调度方法为主的经验寻优调度和以运筹学为主的水库群优化调度两个阶段。其中，较为典型的研究成果有：施熙灿等[40]开展的基于马氏决策规划的水电站水库优化调度研究；董子敖等[41]开展的基于改变约束法的水电站水库优化调度研究；叶秉如等[42]提出的基于空间分解算法的红水河水库群优化调度研究；胡振鹏等[43]提出的基于"分解—集结"模型的水库长期运行优化方案研究。我国水资源配置研究的初始阶段，以满足国民经济需水量为重心。大量水利工程建设存在着对水资源的掠夺式开发利用，因此也导致了一系列次生地质灾害的发生。至此，我国水资源配置研究开始迈向第二阶段。

（2）基于宏观经济的水资源配置阶段。20 世纪 90 年代以后，国内学者开始研究如何应用系统工程方法来解决区域水资源分配及提高水资源利用效率等问题。其中，国家"八五"攻关期间，由黄河水利委员会勘测规划设计研究院和西安理工大学共同完成的"黄河流域水资源合理分配和优化调度研究"专题从开发决策支持系统的角度，建立了黄河干流多库水量联合调度模型，这一重大研究取得了当时我国水资源合理配置领域的重大突破。同一时间段（1991—1993 年），由中国水利水电科学研究院陈志恺、王浩等承担的联合国开发计划署技术援助项目"华北水资源管理（UNDP CPR/88/068）"首次站在我国华北宏观经济的角度，开发出京、津、唐地区宏观经济水资源规划决策支持系统。之后，许新宜等[44]在总结"八五"攻关等研究成果的基础上出版了《华北地区宏观经济水资源规划理论与方法》，该成果系统阐述了基于宏观经济的水资源宏观配置理论体系。谢新民等[45]结合模糊数学规划理论与响应矩阵法，建立了济南市地下水资源系统多目标模糊管理模型，并对其求解方法进行了研究。翁文斌等[46]统筹考虑区域水资源综合规划和区域宏观经济规划，系统建立了集合预测、模拟、优化和决策分析为一体的区域水资源规划多目标集成系统。在此研究基础上，王忠静等[47]结合实际水资源研究项目，提出了一种基于多目标优化与方案动态模拟的决策支持系统。这一研究阶段，我国在水资源配置领域的实践经验也层出不穷。尹明万等[48]针对大连市大沙河流域水资源实情，构建出国内首个面向小流域规划的水资源配置优化与模拟耦合模型。黄强等[49]为优化西安市供水水源布局，研究构建了面向西安市的多水源联合供给多目标优化模型。我国水资源配置的这一阶段，过分强调经济的驱动作用，忽略了社会经济发展对生态环境的破坏影响，因此导致了水污染、水短缺等一系列水生态危机。至此，我国水资源配置开始迈向可持续发展研究的阶段。

（3）基于可持续发展的水资源配置阶段。这一阶段主要集中在20世纪末、21世纪初，在上一阶段相关经验教训的基础上，该阶段更为看重人口、资源、生态环境之间的协调可持续发展。其中，以"九五"攻关项目为契机，中国水利水电科学研究院首次提出将水资源系统与社会经济系统、生态环境系统相联系，构建面向生态的水资源合理配置模型。之后在"十五"攻关时期，中国水利水电科学研究院又首次提出以"模拟—配置—评价—调度"为基本环节的流域水资源调配层次化结构体系，为流域水资源合理调配研究提供了重要的框架。这期间，王浩[50]及其团队创造性地提出了"自然—人工"二元水循环理论，在传统海陆水循环基础上，加入人工水循理论进行重大改进，同时首次提出基于流域水资源可持续利用的"三次平衡"的配置思想，为我国水资源理论研究奠定了重要基础。谢新民等[51]基于"三先三后"配水原则，首次提出基于统筹考虑河道内、外生态用水的动态配置模型。之后，谢新民等[52]又研究提出基于地下水数值模拟与"四水"转化的二元转化耦合模型。贺北方等[53]综合考虑区域发展的社会、经济与生态环境三大类目标，构建了面向可持续发展理论的区域水资源宏观配置模型。左其亭等[54]系统地提出了包括水量—水质—生态耦合系统模型、社会经济系统模型以及可持续发展量化的研究方法。赵丹等[55]采用系统分析方法，构建了面向生态的灌区水资源宏观配置序列模型以及模拟计算方法，结果表明面向生态的多目标多情景模拟能够最大限度地利用当地水资源。我国水资源配置的这一阶段，已经逐渐形成了水资源系统与社会系统、经济系统、生态环境系统三者的统一协调，但是该时段的配置对象仅仅停留在地表引水、浅层地下水等较方便控制的水源上，尚缺乏对天然生态系统用水量的考虑。至此，我国水资源配置开始迈向第四阶段。

（4）水资源全要素配置阶段。水资源全要素配置研究起步于"十一五"前后，全要素配置的内涵主要指在进行水资源开发利用过程中，要统筹考虑水量、水质、水位、水面、流量、流速等水资源多种要素。基于"自然—人工"二元水循环理论，赵勇[56]、裴源生等[57-58]拓展了水资源的定义，将土壤水、降水等纳入到广义水资源意义中，通过构建水质水量联合调控模型实现流域社会、经济与生态环境的协调发展。同时期，魏传江等[59-60]根据"自然—人工"二元水循环、区域需水特点、径流过程等，简述了水资源配置系统分析的主要思路，提出了较为完备的水资源全要素宏观配置理论体系与框架。赵建世等[61]首次将复杂适应系统理论引入水资源系统，并阐述了其方法与技术。同年，蒋云钟等[62]以可消耗蒸腾蒸发量（ET）为重要指标，构建了水资源合理配置模型并进行了实例研究。刘贯群等[63]运用 GAMS 软件系统，模拟并预报了现状灌溉条件与优化种植结构后的灌区地下水水位。随着科学技术的不断发展，水利科技、水利信息化也逐渐吸引了国内众多学者的眼球。王忠静等[64]首次在水资源领域提出水联网与智慧水利的概念，进一步加快了我国水资源配置迈向高效、科学利用的步伐。陈红光等[65]针对三江平原地下水超采问题，建立了包含地表水、地下水在内的多水源联合调控模型，用以解决三江平原灌区内农业用水量紧张的难题。吴丹等[66]利用耦合后的生产曲线模型与自回归聚合滑动平均模型对城市未来需水量进行预测，并在此基础上考虑社会、经济与生态环境效益，建立了城市水资源非线性多目标宏观配置模型。水资源全要素配置研究在一定程度上均衡了水资源系统与社会经济系统、生态环境系统之间的利益关系，对促进水资源和谐可持续利用起到了关键作用。

1.2.2　水资源调度理论与技术研究进展

水资源调度是将宏观的水资源规划、管理决策落实到具体实践当中，借助于水利工程的调控功能而对水资源进行落实到户的运行过程。通常意义下，常用水量调度、水库调度、水利调度等概念来代替水资源调度的含义，然而水资源调度是在广义范围内包含上述几种概念的，其实质是围绕水量及水利工程（主要指水库）两个要素展开的研究。水资源调度分类方法多样，按调度方法，可分为常规调度和优化调度；按调度时间段，可分为年、月、旬、周、日的调度；按调度目标，可分为单一目标调度与多目标综合调度；按调度模式或内容，可分为防洪调度、排涝调度、供水调度、灌溉调度、发电调度、生态调度等。对水资源调度的研究，主要集中在理论技术与模型方法两大方面，其中水资源调度理论技术与水资源配置大同小异，在此不重复介绍。近年来，随着计算机技术的不断进步与数学规划理论的不断完善，国内外关于水资源调度的优化技术与方法也日益丰富，至此形成的水资源调度方法主要有两类：常规方法与优化方法。其中，优化方法又可分为数学规划、模拟模型与算法两大类。

1. 常规方法

水资源调度的常规方法是基于水资源调度基本原则，借助于径流调节方法、水库调度图等经验性成果而对水资源采取的调控方式[67]。其中，水库调度图的绘制对于指导常规水资源调度起到了决定性的作用，是目前采用最为广泛的水资源常规调度方式。黄强等[68]在求解水库调度模型时，引入确定性优化技术对水库调度规则进行了优化,从而获得了水库的线性与非线性调度规则。解建仓等[69]探索出了一种基于并行神经网络、对知识规则能够自动更新的方法用于水电站水库常规调度规则中。田峰巍等[70]在黄河干流水库调度研究中,对水库调度规则在实施中的误差修正、风险决策等几个关键问题展开了研究。水资源调度常规方法操作简单且有经验可循,但其未能考虑水资源特性,且不能进行预报,因此调度结果未必能达到效益最大化。对此,国内外很多学者也对此展开了研究。例如,Chen[71]在制定研究区单一水库调度图时,引入遗传算法对其进行改进;Chang 等[72]引入基于实数型编码的基因算法,对基于规则控制洪水的水库调度图进行优化改进;Llich[73]引入人工神经网络算法优化了印尼某水库的调度线。

2. 优化方法

(1)数学规划。水资源调度研究中的数学规划法主要包括线性规划、非线性规划、动态规划与多目标优化技术等。线性规划由法国数学家傅里叶于 1939年首次提出,但在当时并未引起注意。之后于 1947 年,由美国数学家 Dantzig提出线性规划的概念及其通用解法,线性规划正式进入国内外学者们的视野。之后,Hall 等[74]通过耦合线性规划与动态规划模型,对水库调度问题进行优化研究。非线性规划由于计算过程较为复杂,通常将其转化为线性问题来进行求解。Windsor[75]利用线性规划理论,将水库调度模型中的非线性关系进行线性化预先处理,并应用单纯形法对模型进行了求解。同时,线性规划也得到了国内很多专家学者的推崇。王厥谋[76]在考虑河道洪水变性及区间补偿前提下,对丹江口水库调度问题进行了线性规划建模。王栋等[77]在求解淮河流域混联水库群优化调度模型时,采用线性规划思想使得模型达到了防洪安全保证率最大化。与此同时,动态规划法由于其多阶段求解策略的优越性被广泛应用于水资源调度研究中。董增川等[78]引入多次动态线性规划理论,研究红水河梯级水电站库群优化调度问题。陈守煜[79]提出了多阶段多目标决策系统模糊优化理论,并将其应用在复杂水资源调度系统的方案优选中。李文家等[80]在研究防御水库下游洪水问题时,采用动态规划模型对多水库进行联合调控。Ahmed[81]在研究多水库系统调度过程中,采用随机动态规划方法对降维模型进行了求解,结果表明动态规划有利于寻求降维模型中影响水库调度效益的主成分因素。史振铜[82]针对南水北调东线工程中单座年调节水库与补水泵站,提出了水资源优化调度的非线性数学模型,并采用动态规划逐次逼近法对该模型进行了求解。多目标优化技术起源于 20 世纪 70 年代中期,以其能够很好地解决多目标间的竞争性与矛盾性而受到国内外学者的广泛关注。Mohan 等[83]针对印度水库群调度存在多目标利益冲突的问题,建立了一个线性多目标模型来求解。吴保生等[84]为解决河道水流的滞后影响,提出了多阶段逐次优化算法来求解并联防洪系统优化调度模型。彭晶[85]将多目标动态水资源宏观配置模型与 GIS 系统进行耦合,形成了基于 GIS 的水资源宏观配置系统。

（2）模拟模型与算法。水资源调度研究中的模拟模型与算法主要包括大系统协调分解、模拟模型法与现代启发式智能算法等。大系统协调分解是将复杂的水资源大系统先按照一定规律分解成若干个相对独立子系统，继而对独立子系统再根据一定方法耦合在一起进行递阶控制的方法，已经在现代水资源优化调度中得到了广泛应用。张勇传[86]在研究并联水电站水库的优化调度问题时，引入大系统协调分解的思想，对单库最优放水策略进行研究。钟清辉等[87]将大系统分解协调原理引入到库群优化补偿调节模型中进行数学推导，提出了一种系统描述跨流域梯级水库群优化补偿调节的数学模型。万俊等[88]在研究梯级水电站群优化补偿调节模型时，引入大系统分解协调理论，开发出了一套梯级水库群优化补偿调节软件。黄志中等[89]基于大系统分解-协调理论，研究出一种串联和并联水库群实时防洪调度算法。郝永怀等[90]在"以水定电"模式下，结合大系统协调分解原理，建立了梯级水电站群短期优化调度系统分解协调模型。王莹[91]在求解三峡、清江梯级水电站联合优化调度问题时，引入大系统分解协调法，并通过与其他算法的比较，得出大系统协调分解法在解决复杂水资源系统优化调度问题时更具优越性的结论。赵璧奎[92]在研究深圳市原水系统水量水质联合调度问题时，利用供需平衡动态模拟技术建立了原水系统优化调度模型，并引入大系统分解协调原理对模型进行了求解。模拟模型法是结合数学关系式来系统表征决策变量和参数之间相互关系的方法，以其能够很好地融入决策者的经验而受到关注。李会安等[93]在研究黄河干流上游梯级水量调度时，采用自优化模拟技术建立了调度自优化模拟模型。随着计算机技术的不断进步，现代启发式智能算法也逐渐兴起，且以其能够更好地模拟人类的智能活动，通过自适应学习达到水资源调度模型全局最优解的优势而逐渐替代了常规优化算法。目前，在水资源优化调度研究中，采用的较为广泛的现代启发式智能算法有人工神经网络（Artifical Neural Network，ANN）、遗传算法（Genetic Algorithm，GA）、粒子群算法（Particle Swarm Optimization，PSO）、模拟退火算法（Simulation Annealing，SA）等。Huang 等[94]耦合了随机动态规划与遗传算法，并将其应用于求解并联水库群的优化调度问题。陈守煜[95]在耦合 Kohonen 聚类网络与自适应谐振理论的基础上，对模糊聚类神经网络进行改进，并在区域水资源评价应用中取得了良好的效果。方国华等[96]提出了扰动遗传算法，弥补了动态规划法及二进制遗传算法在水库优化调度模型求解中的不足。郭卫[97]、成鹏飞等[98]分别对人工鱼群算法、人工蜂群算法进行了优化改进，并将改进后的成果应用于梯级水库优化调度实例中进行研究。赵恩龙[99]在求解灌区水资源优化调度问题中，引入遗传算法对多目标决策模型进行了求解。钟平安等[100]在研究水电站发电优化调度问题时，对差分进化算法进行改进，引入了基于均匀设计的初始种群生成方式，并对三峡水电站发电调度问题进行了实例研究。黄显峰等[101]在研究水库群防洪优化调度问题时，引入遗传粒子群算法对调度模型进行求解，并对江苏省石梁河—安峰山水库群进行了实例研究。闫堃等[102]采用多目标粒子群算法求解了滨海地区水资源多目标优化调度模型，并提出了各类约束条件的具体处理方法与最优调度结果。王攀等[103]提出了一种优化效率更高、局部搜索更优的改进量子遗传算法，并将该算法应用于南水北调江苏省水资源优化调度研究中。

1.2.3　水资源调度效果评价研究进展

水资源调度效果评价属于综合评价范畴，更具体来说是属于效果评价范畴，主要是对水资源调度方案的实施效果进行评价与反馈。国内外对于水资源调度效果评价方面的研究较少，在当前可持续发展的社会大背景下，对于水资源的评价研究主要集中在水资源可持续管理[104-105]与可持续发展[106-107]等相关方面，具体的研究内容则集中在水资源利用指标体系与评价方法两方面，其中对评价指标体系的研究又包括对评价指标筛选及指标权重确定的研究。国外对于水资源利用效果评价的研究更加稀少，已有的研究成果仅针对水资源调配模型本身的算法及其改进方面[108]，鲜有涉及对方案效果评价的深入分析。鉴于国内外对水资源调度评价的研究均较少，下面将着重从水资源评价（包括水资源综合评价、水资源可持续利用评价、水资源开发利用评价、水资源管理评价等）角度出发，从评价指标体系与评价方法两方面分别进行阐述。

1. 水资源评价指标体系

国外关于水资源评价指标体系的研究其少，国内对其的研究始于 20 世纪 80 年代，具有代表性的有 1981 年出版的《中国水资源初步评价》，1987 年出版的《中国水资源评价》等书籍。之后，左东启等初选了 114 项评价指标，又经筛选提炼出了包含 5 大类、9 小类的 47 项水资源评价指标，这套指标体系被认为是早期最为完善的一套水资源评价指标体系，但由于社会背景的局限性，该指标体系未得到推广应用。之后，陈沂[109]更为系统地提出了水资源评价的具体内容，包括水资源数量和质量评价、水资源开发利用评价、水资源管理评价三大类。冯耀龙等[110]提出了包含 1 个目标层、1 个准则层及 2 个指标层的区域水资源系统可持续发展评价指标体系。崔振才等[111]基于可持续发展理论，提出了包含评价准则、评价因子和评价指标 3 个层次的区域水资源与社会经济协调发展评价指标体系。刘恒等[112]在考虑水资源对区域社会经济发展的重要性的基础上，构建了包含目标层、准则层、指标层 3 个层次的水资源可持续发展综合评价指标体系。张斌等[113]在构建区域水资源安全评价指标体系时，引入水足迹理论，从人均水足迹、水资源压力、虚拟水赤字等指标方面对区域水资源安全性进行系统评价。在水资源承载力指标体系方面，不少学者也做了深入的研究。袁鹰等[114]提出了包含 3 个层次的水资源承载能力的概念，分别为水资源承载主体的水资源系统、作为承载客体的社会经济系统及生态环境系统和承载水平、水资源合理配置下的主客体耦合,同时构建了水资源承载能力评价指标体系。王金兰等[115]基于区域可持续发展理论,从社会经济、生态环境和水资源系统3个方面构建了区域水资源承载能力评价指标体系。李柏山[116]基于汉江流域生态环境恶劣导致的水资源可持续发展性差这一问题,构建了基于距离指数法的水资源承载力评价指标体系。刘雅玲等[117]考虑到城市水资源所造成的压力及其响应,基于压力-状态-响应(PSR)模型框架,构建了城市水资源承载力评价指标体系。随着最严格水资源管理制度的提出,国内很多学者开始研究如何将其落到实处,实现最严格水资源管理制度的可量化与可操作化。杨丹等[118]根据济南市水资源管理的现状和特点,构建了基于水资源管理"三条红线"的四阶递阶层次结构指标体系,该指标体系包含目标层、领域层、准则层和指标层四大层次。刘晓等[119]以北京市水资源管理为例,构建了水资源管理"三条红线"指标体系,并提出了"三条红线"评价方法。孟颖等[120]针对瓯江中上游流域水资源调控问题,提出了体现依靠优势、克服劣势目标的水资源调控方案评价指标体系,并采用层次分析法与熵权法相结合的方式对指标进行权重确定。

2. 水资源评价方法

水资源调度评价是对调度方案中水资源分配到各生产部门与非生产部门后所产生的对社会、经济、生态环境等多方面的效果进行评估[121-122],通常来讲,这种效果评估需要通过上述评价指标体系等来体现,而对评价指标体系的求解,需要借助一些评价方法。考虑到影响水资源的因素众多且复杂,因此不能从单一指标入手对水资源进行评价,需要将影响水资源的多项因素通过一些方法进行汇集,从而得到一个能够综合反映水资源情况的综合指标[123-124]。近年来,随着系统分析方法与计算机技术的日益成熟,我国在水资源评价领域所采用的方法也日益增多。王好芳等[125]采用层次分析法对区域水资源可持续情况进行了评价,并基于可持续发展理论给出了相应的对策。吴泽宁等[126]耦合了多属性效用理论与BP神经网络,以黄河流域2010年水资源调控方法为例,构建了水资源利用效果评价的效用模拟BP网络综合评价模型。王浩等[127]以"自然—人工"二元水循环理论为指导,提出了基于WEP-L分布式水文模型的层次化动态水资源评价方法。方国华等[128]建立了考虑社会经济发展、生态环境保护和水资源合理利用的水资源承载能力多目标分析评价模型,并利用该模型对张家港市现状和未来2020年水资源承载能力进行了合理评价。在此之后,方国华等[129]又根据水资源承载能力的不确定性、模糊性和动态性特征,在清晰确定影响区域水资源承载能力主要指标的基础上,构建了水资源承载能力模糊综合评价模型。何格等[130]根据可拓学的物元分析原理,将物元可拓模型引入水资源配置方案评价中,构建了水资源配置方案评价的多维度改进物元可拓模型。之后,随着单一评价方法在实际应用中的不足，学者们逐渐开始将多种评价方法相互融合进行水资源综合评价。杨晓华等[131]为提高水资源潜力综合评价模型的精确度，将投影寻踪、遗传算法、阶梯形曲线和水资源潜力评价标准等相结合，提出了遗传投影寻踪方法（GPPM），并在黄河中游关中地区开展了实践研究。李俊晓等[132]将层次分析法（AHP）与模糊综合评价方法相结合，对泉州市水资源可持续利用进行综合评价，结果表明 AHP －模糊综合评价方法简单实用，评价结果与实际相符合。

1.2.4 存在的问题及解决措施

纵观国内外研究进展，水资源合理调配的研究主要通过水资源配置和水资源调度分别从宏观、微观两个层面来实现，通过水资源合理配置实现规划层面的水资源合理调配，通过水资源调度将配置方案落实到调配实践当中。随着相关研究技术手段的不断发展，水资源调配工作也经历了一些变化，正逐渐从单目标、单水源、简单算法向着多目标、多水源、智能化方向发展。立足于该科学技术发展基础，同时结合本书研究内容，国内外对于水资源调配的研究主要存在以下几方面的问题：

（1）水资源多目标均衡调度体系的研究理论和方法尚不完善。现有的水资源调度理论并未过多涉及"多目标均衡"的概念，对水资源多目标均衡调度的研究尚未形成学术界公认的理论体系与技术框架，仅有的部分理论和方法的研究成果还不够丰富和成熟，"多目标均衡"概念的适用领域及与其他学科的交叉关系还需进一步研究。

（2）水资源配置与水资源调度的耦合研究尚未正式展开。现有的水资源调配仅从宏观的水资源配置或微观的水资源调度两方面进行研究，虽然在通常情况下，可利用配置模型制订年调度运行计划，并可获得相应多年系列的最佳效益，但将两者在具体的某一调度时段进行嵌套，以水资源配置方案作为未来某一调度时段具体调度运行指导的研究尚且不多。

（3）水资源调度效果评价的研究尚不健全。现有的区域水资源评价主要侧重于水资源调度前的水资源开发利用评价、水资源管理评价等，鲜有对水资源调度效果的评价研究。且现有的水资源调度反馈机制主要集中在水量反馈上，即根据缺水量及时更正调度运行方式，这种调度反馈机制仅在水量层面上满足了区域各用水户用水需求，但却很有可能对区域经济、生态环境带来一定的负面影响，且不利于区域的水生态可持续发展。

针对上述存在的问题，区域水资源多目标均衡调度研究应着重从以下几方面展开：

（1）建立坚实清晰的基础理论背景与理论体系。深入研究适用于区域水资源系统的多目标均衡理论，全面分析区域水资源系统内部特征和运行机制，归纳出水资源均衡性特点，构建一套适用于区域水资源系统的多目标均衡调度体系。

（2）探讨水资源配置与水资源调度的耦合技术。分析两者因果关系，进一步明确水资源配置与水资源调度的相互作用和制约关系，探究两者之间的信息传递和系统的整体耦合的机理。根据水资源系统的内在特点，探索多方面耦合技术。

（3）完善水资源调度效果评价研究。从水生态可持续利用的角度，分析调度方案对于区域"水资源—社会—经济—生态环境"这一复杂系统的内部协调性与互动性的影响，从而探讨区域水资源多目标均衡调度是否符合区域水生态可持续发展的宗旨。

1.3　主要研究内容与技术路线

1.3.1　主要研究内容

本书依据水文学原理、可持续发展理论、均衡理论、宏观配置理论、优化调度理论等，深入分析区域水资源系统"均衡性"的特点与内涵，系统提出区域水资源多目标均衡调度概念模型与技术体系。同时，以水资源调度为核心，深入研究区域水资源多目标均衡调度技术体系中三大模块各自构建途径及其内部响应方式，并分别构建响应模型进行系统模拟。最后，以山东省济南市为例，构建济南市水资源多目标均衡调度模型，并进行方案求解与调度效果评价研究。本书主要研究内容如下：

（1）区域水资源多目标均衡调度基本理论研究。结合包括可持续发展理论、均衡理论、优化调度理论等在内的区域水资源多目标均衡调度基本理论基础，深入分析区域水资源多目标均衡调度的概念及内涵，并结合水资源多目标调度"均衡性"的特点，系统提出区域水资源多目标均衡调度的概念模型与技术体系，并对该技术体系中各模块要件与具体调控过程进行深入探讨。

（2）区域水量宏观总控配置研究。根据区域水资源特点，研究提出区域水量宏观总控配置技术框架。采用 Mann - Kendall 秩次检验法对区域重点水库入流趋势进行长系列分析，并研究水库入流集成预测技术，对遗传算法优化的误差反向传播算法（Genetic Algorithm - Back Propagation，GA - BP）模型、广义回归神经网络（General Regression Neural Network，GRNN）模型及支持向量机（Support Vector Machine，SVM）模型进行集成，并将集成预测结果作为宏观配置模型数据库的一部分，驱动多水源多目标水资源宏观配置模型的概化与模拟。在此基础上，探讨基于地下水可开采量动态计算模式的地下水均衡模型，对多水源多目标水资源宏观配置模型进行循环修正。

（3）基于宏观配置方案的区域水资源多目标均衡调度模型构建与求解。系统研究水资源宏观配置与微观调度的耦合机制。从目标函数、约束条件及时间序列3个角度分别选取相应指标，探讨水资源配置与调度的耦合过程。在此基础上，厘清建模思路，探讨调度规则，明确模型决策变量、目标函数和约束条件的数学表达式，构建基于宏观配置方案的水资源多目标均衡调度模型，并在明确高斯优化混沌粒子群算法（Gaussian Chaos Particle Swarm Optimization，GCPSO）基本原理的基础上，对调度模型进行求解研究。

（4）区域水资源多目标均衡调度效果评价。从水资源利用角度出发探讨区域水资源多目标均衡调度效果评价研究途径。明确区域水资源多目标均衡调度应遵循科学性、可操作性、独立性、各利益主体共存的原则，并在分析国内外现有调度效果评价方法弊端的基础上，提出基于水生态足迹理论的区域水资源多目标均衡调度效果评价方法。核算近年来及区域水资源多目标均衡调度方案实施后近期、中远期的水生态足迹与水生态承载力，并从互动性及协调性两方面分别选取耦合指数与耦合协调指数作为评价指标，构建区域水资源多目标均衡调度效果评价模型来量化水资源调度方案的实际意义。

（5）应用研究。选取山东省济南市水资源系统开展应用研究，全面分析济南市水资源特点并对其进行系统概化，首先构建济南市水量宏观总控配置模型，对其重点水库入流趋势进行分析，并对未来水库入流进行集成预测，在此基础上，通过地下水可开采量循环迭代计算与济南市多水源多目标水资源宏观配置模型计算的嵌套反馈，得出济南市水量宏观总控配置方案，作为水资源多目标均衡调度模型的用水边界数据；其次，根据济南市水资源特点，结合社会、经济、生态环境等多方面效益，设置不同情景下的不同水资源调度方案，构建济南市水资源多目标均衡调度模型并进行求解；最后，核算济南市近年来及水资源调度方案实施后近期、中远期的水生态足迹与水生态承载力，构建济南市水资源多目标均衡调度效果评价模型，反馈水资源多目标均衡调度方案的合理性与可行性。

1.3.2 研究技术路线

本书统筹考虑宏观水资源配置规划与微观水资源调度运行管理，以可持续发展理论、均衡理论、优化调度理论等为指导，并以调度效果评价方式来反馈水资源调控的合理性与可行性。首先，本书从整体出发，构建区域水资源多目标均衡调度技术体系研究框架，指出该技术体系主要由三大模块组成。然后，分别对三大模块各自技术框架与实现途径深入研究，并探讨各模块内部互相响应机制。最后，对济南市开展应用研究，构建济南市水量宏观总控配置模型并求解得出宏观配置方案，接着，构建基于宏观配置方案的济南市水资源多目标均衡调度模型并求解，最后对调度结果进行评价，并在评价结果基础上得出济南市水资源配置规划与调度运行管理相适应的对策。本书研究技术路线如图1.1所示。

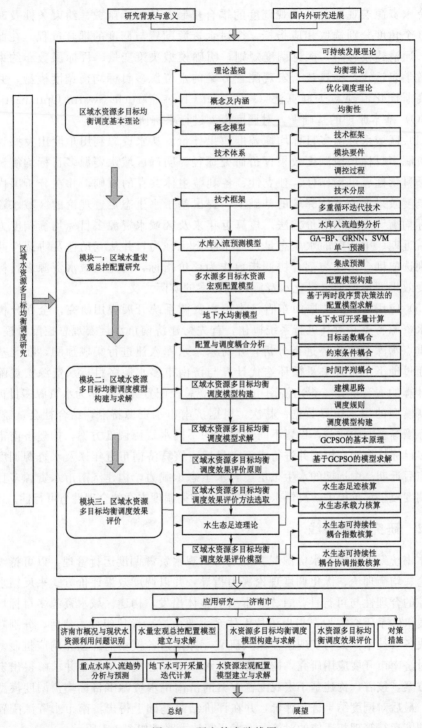

图 1.1 研究技术路线图

第 2 章

区域水资源多目标均衡调度基本理论

区域水资源系统复杂多变，水源众多且分散，用水户需求差异大，水利工程运行模式多样，且受气候变化与人类活动影响较大。因此，对区域水资源的调度管理，实际上是将区域有限的水资源通过开发、供输水系统建设等措施，在社会、经济与生态环境各方利益间进行协调后所产生的一种全方位水资源分配策略。本章基于可持续发展理论、均衡理论及优化调度理论，对区域水资源多目标均衡调度概念及内涵进行清晰界定。在此基础上，概化其概念模型，提出区域水资源多目标均衡调度技术体系框架，并对其包含的三大模块要件与具体调控过程逐项进行解析。

2.1 理论基础

2.1.1 可持续发展理论

可持续发展理论最初雏形出现于 1962 年美国 Rachel Carson 女士出版的《寂静的春天》一书[133]，书中提到人类应该与大自然及生活在其中的其他生物和谐相处。1972 年，可持续发展的概念在联合国人类环境研讨会上被正式提出。之后于 1980 年，国际自然资源保护联合会（IUCN）、联合国环境规划署（UNEP）和世界自然基金组织（WWF）共同发表了《世界自然保护大纲》，其中便初步提出了可持续发展的思想。1987 年，可持续发展的模式也被世界环境与发展委员会（WCED）在题为《我们共同的未来》的报告中正式提出[134]。1989 年，第十五届 UNEP 理事会通过了《关于可持续发展的声明》，声明中严格定义了可持续发展的概念，指出可持续发展要既能满足当前人类需要又不会削弱其子孙后代发展之需要，其本质是发展，包括人类社会和自然环境的共同发展；其核心是公平，包括代内公平和代际公平。

人类对可持续发展理论的认识，经历了一个从生存到发展，再到可持续发展的漫长过程。同时，可持续发展也是促使国家或地区在"资源—社会—经济—生态环境"这一复杂系统中能够朝向更合理、更和谐方向进化的基础理论支撑[135]。可持续发展的内涵可以从以下 3 个方面进行解读：

（1）公平性[136]，包括代内公平和代际公平。前者主要指可持续发展应满足当代人之间公平的分配权与公平的发展权；后者主要指当代人的发展应不以损害其子孙后代利益为前提。

（2）持续性[137]，主要指人类的发展不能损害地球的自然系统，不能超越环境资源自身的承载能力。

（3）共同性[138]，主要指可持续发展需要全球共同努力，作为全球发展的共同目标。

同时，可持续发展的内涵又可以从"内部响应"及"外部响应"两方面来进行解读：

1）"内部响应"，主体是人，指的是人类在发展过程中，需处理好"人与人"之间的关系，包括当代人之间、当代人与后代人之间的多种关系。可持续发展作为人类文明进程的一个新阶段，应能保障人类社会的有序进行及和谐共处。

2）"外部响应"，指的是人类在不断向前发展的过程中，应重视"人与自然"的和谐相处，只有在不破坏自然环境自身承载力基础上的发展，才是可持续的、文明的。

可持续发展理念对区域水资源多目标均衡调度研究所具有的指导意义主要体现在：面向区域层面，强调水资源在区域尺度上的空间均衡分配以及月、旬尺度上的时间均衡分配，研究适合于区域"资源—社会—经济—生态环境"这一复杂系统可持续发展的水资源多目标均衡调度方式。

2.1.2 均衡理论

新古典综合派鼻祖 Samuelson 曾说过，"要让一只鹦鹉成为经济学家，只需教会它供给、需求与均衡三个词"[139]，可见均衡理论在经济学举足轻重的地位以及均衡所反映出的经济学状态，即供给和需求达到平衡。均衡理论作为微观经济学的一个分支，所体现的均衡主要指价格、产量和需求等方面的相对均衡。

局部均衡（即局部分析）是市场均衡理论中最简单的表现形式，是在假定其他市场条件不发生改变的前提下，也不考虑某个市场或部分市场的供给、需求及商品价格之间的相互联系和影响，而只考虑它们之间存在的均衡状态。市场局部均衡后的商品市场价格由供给曲线及需求曲线的交汇点来决定，表示在该价格下，商品供给等于需求，达到市场最终均衡。同时，该平衡状态除了表示供需状态外，也在一定程度上代表着收支平衡，即市场会自动调整市场价格和数量向着交汇均衡点动态移动，最终实现市场的局部均衡。

均衡理论对于区域水资源多目标均衡调度研究所具有的指导意义主要体现在以下 3 个方面：

（1）区域水资源多目标均衡调度需要满足社会、经济、生态环境等多类目标函数的综合效益最大化，水资源需要在供水效益、经济产值、生态环境保护等多个目标间进行均衡调控。

（2）区域水资源多目标均衡调度需要满足不同调度时间段的用水需求，如汛期与非汛期、灌溉高峰期与非高峰期等，同时需要在配置方案生成的月时间段与调度的旬时间段之间进行均衡调控。

（3）区域水资源多目标均衡调度研究以调度效果评价代替事前假定，需要寻求在调度方案后"水资源—社会—经济—生态环境"这一复杂系统整体与内部所呈现出的互动性及协调性之间的均衡解。

2.1.3　优化调度理论

水资源优化调度是指通过水资源配置系统，将位于流域/区域内具有某种水质、在一定时间内具有一定概率分布的天然径流以及流域/区域内其他水资源通过某些水利工程供给特定用水户的供水过程。水资源优化调度能最大限度地发挥流域/区域水资源的综合利用效益，驱使水资源朝着更科学、更合理的方向流动。水资源优化调度理论和技术经历了几个重要阶段，优化目标从单目标到多目标，优化方法从线性到非线性，同时水库优化调度也经历了优化对象从单库到梯级多库的优化过程。

在水资源优化调度研究过程中，需要着重解决以下两大主要问题：

（1）如何科学合理地构建水资源优化调度模型，将实际的水资源调度问题抽象概化成计算机所能识别的数学表达式，包括目标函数和约束条件等。

（2）如何选择最优化技术，借助计算机高效的计算速度和精准的计算精度，得到所构建数学模型的最优解。常用的水资源调度模型最优化方法主要有线性规划、非线性规划、动态规划、大系统协调分解、多目标优化及现代启发式智能算法等。

2.2　概念及内涵

2.2.1　基本概念

区域水资源系统复杂且多变，水源种类、用水户及输供水渠道等的多维性决定了区域水资源调度目标的多样性，加之水生态文明建设背景下水环境、水景观等多方位要求，水生态环境价值难以在水资源调度模型的目标函数中具体量化与体现。同时，区域水资源调度方案不仅受到当前条件下水资源禀赋、经济政策等的影响，还受到水利有关部门宏观总控的严格约束。因此，区域水资源多目标均衡调度在宏观配置规划的前提下，以调度效果评价代替事前假定，从水资源利用角度出发，对基于宏观配置方案的水资源多目标均衡调度方案进行效果评价，通过判断调度方案后"水资源—社会—经济—生态环境"这一复杂系统的互动性与协调性，从而不断将可持续发展相关理念引入到区域水资源调控中。

　　因此，区域水资源多目标均衡调度以包含多种水源在内的"区域水资源量"为具体调度对象，以供水效益、经济产值、生态环境保护等"均衡发展"为具体调度目标，以"生态水文过程"为具体调控过程，以"水库入流预报—地下水循环修正—水量宏观决策—水利微观运行—调度效果评价"为具体技术手段，以期通过宏观配置方案下的水资源微观调度及其调度效果评价，实现区域社会经济与生态环境的均衡可持续发展。

2.2.2　基本内涵

　　区域水资源多目标均衡调度的基本内涵集中体现在"多目标"及"均衡性"两个方面。其中，"多目标"主要指区域水资源调度需要满足社会、经济及生态环境多方利益要求。随着社会经济的高速发展及人类生活水平的不断提高，人类对水资源的需求不仅仅体现在满足供水效益上，同时还包括借助水资源的合理调控带动区域内经济产业的快速发展及生态环境的改善等。因此，区域水资源调度是一个多目标均衡发展的过程，以区域供水效益、经济产值、生态环境保护等为其具体体现形式。区域水资源调度的"均衡性"主要体现在以下 4 个方面[140]：

　　（1）调度目标的相对利益均衡性。区域水资源多目标均衡调度目标多维且复杂，为此，需要根据各类目标特点及目标相对重要程度，均衡各类目标之间的利益。除此之外，不同计算单元之间各类目标也存在相对利益关系，因此，需要均衡考虑区域不同计算单元在不同调度时段内不同调度目标的相对利益。

　　（2）调度对象的供需均衡性。区域水资源调度将不同水资源在不同用水户之间实现最优分配，尽量保证各用水户在一定时期内缺水量最少，即尽量达到用水的供需平衡状态。水资源在供给端和需求端分别通过供水能力预测、需水预测的方式进行事先预估，最后通过多目标均衡调度模型的多次模拟，得出其最佳输出方式与能力。因此，区域水资源多目标均衡调度应尽量做到水资源的供需平衡。

　　（3）调度工程的空间利益均衡性。区域水资源调度需要立足于不同水利工程建设基础之上,而各类水利工程的工程参数和功能定位在规划或建设之初即已确定。在实际水资源调度过程中,难免会遇到需要个别水利工程在个别调度时期内牺牲一定的经济利益,保障整个区域社会、经济、生态环境等综合效益的最大化,从而实现区域水利工程综合调度效益在空间分配上的均衡性。

（4）调度范围的水量均衡性。区域水资源调度方案既要满足区域用水需求,也要在不同计算单元间进行均衡,更要在不同用水户之间进行水资源的合理分配,调度范围涵盖区域、计算单元、用水户 3 个层面,因此区域水资源调度应在不同调度范围间进行均衡,保障区域整体缺水率最小。

2.3　概念模型

区域水资源多目标均衡调度是通过调整区域水利工程的调度运行方式,寻找存在于由调度目标、调度指标、调度时段、调度作用区域等构成的多维时空上的均衡解。然而对于不同区域社会、经济、生态环境等多项目标,其具体的调控指标是存在差异的,大致可将所有调控指标分为峰值型与阈值型两大类。峰值型指标存在一个指标值最佳理想点,即为该指标调控的上限值,其下限值应根据实际情况的保证率及可接受程度来确定,如图 2.1（a）所示;阈值型指标存在指标值的理想区间,该区间上下限即为指标调控的上下限,如图 2.1（b）所示。最后,根据所有指标调控阈值区间,即可构成区域水资源多目标均衡调度的多目标均衡解空间。

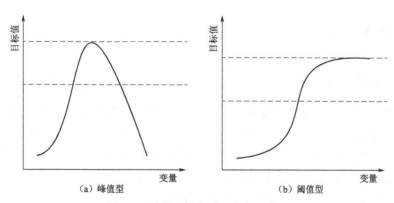

图 2.1　峰值型与阈值型指标示意图

区域水资源在时空上的合理分配不仅受到区域有关水利部门宏观总控的事前约束（包括通常意义上的区域水资源综合规划、配置规划、用水“三条红线”等）,还与当前调控时期内区域水资源禀赋、经济产业政策、用水需求形势等多种实时影响因素有关。因此,首先通过求解区域水量宏观总控配置模型,综合考虑地表、地下水资源变化趋势，在规划层面上给出区域水资源配置的优化解，用以宏观指导实时影响下水资源具体调度策略。在此基础上，均衡各种影响因素的作用大小，进行区域水资源多目标均衡调度的优化模拟以及模拟后效果的评价，给出区域水资源调度的均衡解。因此，区域水资源调度模型的均衡解空间是宏观总控配置模型优化解空间的子集。区域水资源多目标均衡调度概念模型原理如图 2.2 所示。

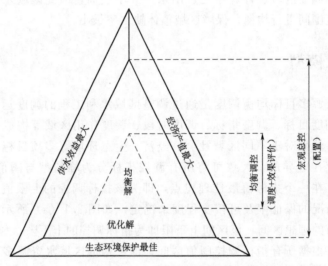

图 2.2　区域水资源多目标均衡调度概念模型原理

2.4　技术体系

2.4.1　技术框架

区域水资源多目标均衡调度在可持续发展理论、均衡理论及优化调度理论基础上，对区域不同水源来水量在不同用水户之间进行时空分配。水资源配置与水资源调度是实现水资源合理调控的两个不可分割的步骤，但由于两者在时空尺度上不相匹配，且前者主要依据历史水文信息作出决策，而后者主要依据预报信息进行决策，因此两者不能简单进行嵌套。

为此，本书从水资源特性出发，以水资源调度为核心内容，通过构建三大模块模型，以"水库入流预报—地下水循环修正—水量宏观决策—水利微观运行—调度效果评价"为具体技术手段开展区域水资源多目标均衡调度研究。模块一从规划层面出发，开展区域水量宏观总控配置技术研究，将整个研究区域各类水源、水利工程纳入到配置系统里，同时考虑区域地表水、地下水的动态变化，对水资源进行统一的宏观分配；模块二在模块一研究成果的基础上，开展基于宏观配置方案的区域水资源多目标均衡调度模型研究，以配置方案结果作为调度模型数据控制边界，进行调度模型模拟；模块三以效果评价的方式，对模块二得出的区域水资源多目标均衡调度方案进行反馈研究。各模块具体研究内容与方法见 2.4.2 节，区域水资源多目标均衡调度技术框架如图 2.3 所示。

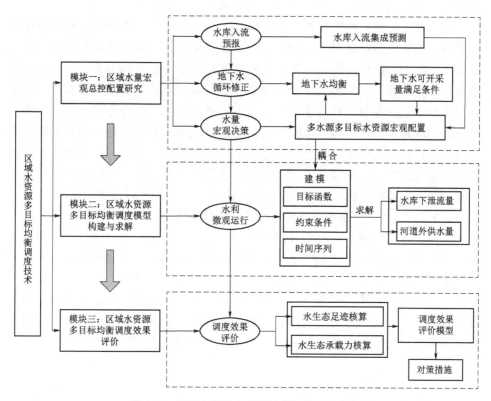

图 2.3　区域水资源多目标均衡调度技术框架

2.4.2　模块要件

2.4.2.1　区域水量宏观总控配置模块

区域水量宏观总控配置模型作为区域水资源多目标均衡调度技术的前置模块，从宏观层面对区域"自然—人工"二元水循环过程进行调控。以多水源多目标水资源宏观配置模型为核心，同时考虑到未来水资源配置方案会受到气候变化、河段下垫面条件改变、水利工程建设等不同因素的影响，首先对区域水库入流进行集成预测，并将结果作为宏观配置模型数据库的一部分，对多水源多目标水资源宏观配置模型进行多次模拟。在此基础上，考虑到地下水可开采量会随着未来水资源配置方案的实施而改变，采用多重循环迭代技术及地下水均衡原理，对配置方案下的地下水可开采量进行反复核算，直到满足终止条件。区域水量宏观总控配置模型以"水库入流预报—地下水循环修正—水量宏观决策"为具体技术手段，为区域水资源多目标均衡调度提供宏观层面上的水量配置方案及具体水利工程的合理供水范围等初始边界条件。

2.4.2.2 区域水资源多目标均衡调度模型构建与求解模块

该模块以区域水量宏观总控配置结果作为边界条件，系统研究水资源宏观配置与微观调度运行的耦合机制。首先，从目标函数、约束条件及时间序列三大方面，分别选取相应指标来耦合水资源宏观配置与微观调度模型。从目标函数角度，选取各用水户需水量及生态节点径流量偏差系数为耦合指标；从约束条件角度，选取各用水户需水量及各水源可供水量作为耦合指标；从时间序列角度，以配置方案所得的月数据系列预先处理成调度模型所需的旬系列数据来进行耦合；在此基础上，通过对调度模型的决策变量、目标函数及约束条件进行数学表达式重构，实现基于宏观配置方案的区域水资源多目标均衡调度模型构建，并采用高斯优化混沌粒子群算法（GCPSO）对调度模型进行求解。

2.4.2.3 区域水资源多目标均衡调度效果评价模块

为科学鉴定区域水资源多目标均衡调度方案的合理性及可持续性，模块三从水资源利用角度出发，构建区域水资源多目标均衡调度效果评价模型。在清晰确定出区域水资源多目标均衡调度效果评价原则的基础上，基于水生态足迹理论，核算近年来及实施水资源调度方案后近期、中远期的水生态足迹与水生态承载力，并选取耦合指数与耦合协调指数作为评价指标，构建区域水资源多目标均衡调度效果评价模型来量化水资源调度方案的实际意义。

2.4.3 调控过程

区域水资源多目标均衡调度以"水资源量"为调控纽带，通过将不同水源可供水量在不同用水户之间进行时空分配，寻求水资源量分配在社会、经济、生态环境等多方利益相关者时空分布上的最优均衡解。区域水资源多目标均衡调度的具体调控步骤如下：

步骤 1：构建水库入流集成预测模型，确定至规划水平年的逐年逐月入库径流系列，为水资源宏观配置模型提供数据服务。

步骤 2：构建多水源多目标水资源宏观配置模型，通过设计合理的优化技术与算法，实现对优化模型的求解，并给出基准年与未来规划水平年不同来水条件下的推荐水资源配置方案。

步骤 3：构建地下水均衡模型，对水资源配置方案下地下水可开采量是否合理进行量化判定，若地下水可开采量不合理，则返回步骤 2，重新调整水资源宏观配置模型中有关的地下水参数，直至满足步骤 3 中地下水可开采量终止条件。

步骤 4：构建区域水资源多目标均衡调度模型，对模型中的决策变量、目标函数与约束条件数学表达式进行耦合后重新表达，并选用高斯优化混沌粒子群算法（GCPSO）进行求解。

步骤 5：构建区域水资源多目标均衡调度效果评价模型，对水资源调度方案下近期、中远期水生态可持续性进行评估，若水生态不可持续，则返回步骤 4，根据评价结果合理调整水资源调度模型，直至区域水生态呈现出可持续性。

2.5 本章小结

本章系统研究了区域水资源多目标均衡调度的基本理论，构建了区域水资源多目标均衡调度的技术体系与框架，具体包括以下 5 方面的内容：

（1）探讨区域水资源多目标均衡调度的理论基础，包括可持续发展理论、均衡理论及优化调度理论，并分析三大理论分别对区域水资源多目标均衡调度的指导意义。

（2）系统厘清区域水资源多目标均衡调度的基本概念，指出区域水资源多目标均衡调度是以包含多种水源在内的"水资源量"为具体调度对象，以供水效益、经济产值、生态环境保护等"均衡发展"为具体调度目标，以"生态水文过程"为具体调控过程，以"水库入流预报—地下水循环修正—水量宏观决策—水利微观运行—调度效果评价"为具体技术手段。

（3）阐述区域水资源多目标均衡调度的内涵，指出区域水资源调度应满足社会、经济与生态环境等多方利益要求，且其"均衡性"主要体现在调度目标的相对利益、调度对象的供需、调度工程的空间利益与调度范围的水量均衡性四大方面。

（4）概化区域水资源多目标均衡调度概念模型，提出区域水资源调度模型的均衡解空间是宏观总控配置模型优化解空间的子集。

（5）研究区域水资源多目标均衡调度技术体系与框架，指出三大模块各自构建途径与互相响应关系，并对区域水资源多目标均衡调度具体调控过程进行解析。

第 3 章

区域水量宏观总控配置研究

区域水量宏观总控配置作为区域水资源多目标均衡调度的基础模块，为后续调度研究提供管理层面上的宏观配置结果。本章在系统阐述区域水量宏观总控配置技术框架的基础上，研究各层次模型构建途径及宏观总控循环迭代模式。首先对区域内重点水库入库径流预测模型进行集成，为水资源配置模型提供数据基础；同时，研究构建多水源多目标水资源宏观配置模型，作为宏观总控配置技术的核心模块；最后，探讨基于地下水可开采量动态计算模式的地下水均衡模型，对多水源多目标水资源宏观配置模型进行循环修正[141]。

3.1 区域水量宏观总控配置技术框架

区域水量宏观总控配置在宏观管理层面上，将整个研究区域各类水源、水利工程纳入到配置系统里，同时考虑区域内地表水、地下水的动态变化，对区域内部水资源进行统一、协调、有效管理。在配置时段方面，该模块最终能以月为计算时段提供配置方案，便于与实际情况相结合，并为后续调度模型提供边界条件的预处理前数据。在需水方面，以基于宏观经济的水资源宏观配置作为理论基础，将社会经济需水及生态环境需水控制在合理范围内，体现从供水管理向需水管理转变的新理念[142]。在水源分类方面，选取地表水、地下水、外调水及非传统水源等，进行多水源联合优化调配。

3.1.1 技术分层

本书拟对区域水量宏观总控配置分 3 个层次进行研究，分别为输入层、运行层、反馈层，各层次均有相应模型进行响应。需要说明的是，输入层不仅包括以下水库入流预测部分，还包括模型系统数据库所需的其他基础数据，此处不做展开。

（1）输入层。考虑到未来水资源配置方案会受到气候变化、河段下垫面条件改变、水利工程建设等不同因素的影响，在对未来水资源进行宏观配置前，需对未来的水库入流进行预测，以水库入流新系列作为配置模型的输入。因此，本书首先对水库入流预测模型进行集成研究，分析集成预测模型的适用性及可靠性，并以此作为最终输入数据的一部分，驱动运行层的水资源宏观配置模型。

（2）运行层。以多水源多目标水资源宏观配置模型为核心技术，根据输入层相关数据（长系列水质水量基础数据、河流水利工程分布及运用情况、社会经济发展情况等）及事先设定的各种优化规则、模型约束条件及目标函数等，求解出第一次水资源宏观配置方案。

（3）反馈层。反馈的目的是不断修正水资源宏观配置方案，使其能够满足多目标均衡的要求。该层次基于地下水均衡原理，选用地下水可开采量作为调控指标来进行反馈，即事后判定。将运行层水资源宏观配置方案中与地下水相关的计算结果（管网漏损补给量、田间渠系渗漏补给量、井灌回归补给量、河道水库渗漏补给量等）作为地下水均衡模型的输入数据，以此计算出地下水补给量来确定地下水可开采量。

3.1.2 多重循环迭代技术

区域水量宏观总控配置技术实际上是在输入数据驱动与地下水可开采量动态反馈协同作用下，以多水源多目标水资源宏观配置模型为核心的一整套技术，通过水资源宏观配置模型长系列逐月调节计算、分析及三次配置多重循环迭代技术，最后给出能够同时满足社会经济需水、河道内生态环境需水及地下水动态采补平衡等多目标的水资源宏观配置方案。本章采用的多重循环迭代技术计算步骤如下[143]：

步骤1：根据区域水资源条件及开发利用现状、社会经济发展现状及未来发展规划等，设置不同规划水平年不同节水情景下的供需水方案，配合其他初始数据输入模型系统。其中，水库入流系列选用3.2.3小节的集成模型预测结果，地下水初始可开采量设为 W_0。通过水资源宏观配置模型逐月调节计算，得到基准年和规划水平年（2020年、2030年）水资源供需平衡第一次分析结果。

步骤2：将水资源第一次配置结果各行业用水量及各水源供水量输入地下水均衡模型，从而得到各均衡单元地下水补给总量，并确定一次配置结果下地下水可开采量 W_j。

步骤3：如果 $|W_{j+1} - W_j| / W_j \leqslant \varepsilon$，则转向第4步；否则，令 $j = j + 1$，重复第2、第3步运算过程，直至满足条件，获得第二次配置结果。

步骤4：停止循环迭代计算过程，输出水资源宏观配置最终结果，包括基准年、规划水平年水资源供需平衡结果、各行业用水量及各水源供水量。

区域水量宏观总控配置技术总体框架如图3.1所示。

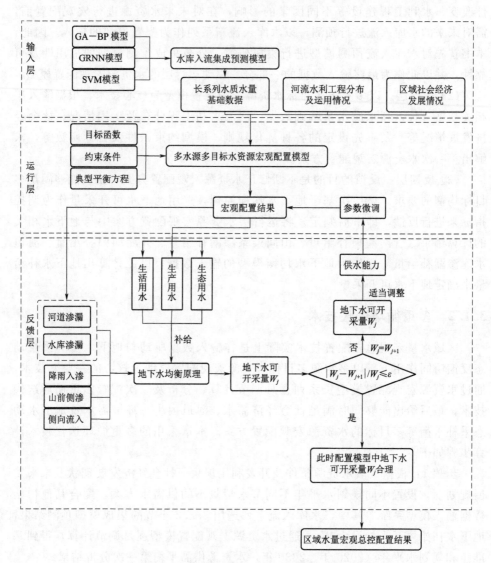

图3.1 区域水量宏观总控配置技术总体框架

3.2 水库入流预测模型

考虑到未来来水条件对规划水平年水资源配置结果会有重要影响,需对研究区域重点水库入流进行有效预测,并在此基础上,对配置模型系统进行数据库更新。

3.2.1 基于 Mann - Kendall 秩次检验的水库入流趋势分析

Mann - Kendall 秩次检验法（简称 M - K 法）也称作无分布检验法，其最大优点为不需要样本遵从一定的分布特征，也不受少数异常值的干扰，操作简单、定量化程度高、检测范围广，较为适用于水文、气象等非正态分布序列数据变化趋势的检验和分析[144-145]。利用 M - K 法进行水库入流趋势分析的基本步骤如下[146-147]：

步骤 1：对于具有 n 个独立分布的原始时间序列，水库入库径流样本为 $x=(x_1, x_2, \cdots, x_n)$，构成一秩序列统计量：

$$S_k = \sum_{i=1}^{k} r_i \qquad k = 1, 2, \cdots, n \tag{3.1}$$

式中：S_k 为 x_i 大于 x_j 的个数累计值。

$$r_i = \begin{cases} 1 & x_i > x_j \\ 0 & x_i \leqslant x_j \end{cases} \qquad j = 1, 2, \cdots, i \tag{3.2}$$

步骤 2：原序列随机独立且有相同连续分布时，定义 S_k 的均值和方差分别为

$$E(S_k) = \frac{k(k+1)}{4} \tag{3.3}$$

$$Var(S_k) = \frac{k(k-1)(2k+5)}{72} \tag{3.4}$$

步骤 3：定义 S_k 标准化后的统计量 UF_k 为

$$UF_k = \frac{S_k - E(S_k)}{\sqrt{Var(S_k)}} \tag{3.5}$$

步骤 4：将水库入流样本序列 x_i 逆序排列，同理计算得到另一条统计量序列曲线 UB，且统计量 UB_k 为

$$\begin{cases} UB_k = -UF_k \\ k = n+1-k \end{cases} \qquad k = 1, 2, \cdots, n \tag{3.6}$$

步骤 5：采用双边趋势进行检验，给定显著性水平 α，查正态分布表，得到 α 显著性水平下临界值 $U_{\alpha/2}$。可通过置信区间检验来判断是否具有明显的变化趋势。具体判断标准为：若 $|UF_k| > U_{\alpha/2}$，则表明水库入流系列存在明显的变化趋势；且当 $UF_k > 0$ 时，序列呈上升趋势；反之，则为下降趋势。

步骤 6：曲线 UF 与曲线 UB 在置信区间内的交点即为水库入流突变点。

3.2.2 单一预测

本书选用遗传算法优化的误差反向传播算法（Genetic Algorithm - Back

Propagation，GA-BP）模型、广义回归神经网络（General Regression Neural Network，GRNN）模型及支持向量机（Support Vector Machine，SVM）模型分别对区域水库入流进行预测，并在此基础上研究 3 种单一模型的集成技术。

1. GA-BP 模型

利用 GA 算法较强的宏观搜索及全局优化能力，可以有效避免 BP 神经网络存在的收敛速度较慢、易陷于局部极值等缺点。该模型利用 GA 算法对神经网络的权值、阈值进行寻优，并在缩小搜索范围后利用 BP 网络进行精确求解，使得神经网络能够在较短时间内达到全局最优且避免局部极值出现[148]。

GA-BP 模型主要包括 3 个部分：BP 神经网络结构确定、GA 优化及 BP 神经网络预测。其中，第一部分主要根据该模型输入输出参数的个数来确定其结构，同时能确定 GA 个体长度；第二部分通过 GA 优化 BP 神经网络的权值及阈值，GA 种群中每个个体都包含了一个网络所有权值及阈值，并通过适应度函数来计算个体适应度值，GA 再通过选择、交叉和变异等操作进而找到最优适应度值对应的个体；第三部分通过第二部分寻找到的最优个体对神经网络初始权值和阈值进行赋值，神经网络经训练后得到预测的输出结果。GA-BP 优化模型的算法步骤如下[149-151]：

（1）初始化种群 P，包括交叉概率 P_c、交叉规模、突变概率 P_m 及初始权值 ω_{ih} 及 ω_{ho}；采用实数对其进行编码。

（2）对个体评价函数进行计算并排序；

$$p_i = f / \sum_i^N f_i \tag{3.7}$$

$$f_i = 1 / E(i) \tag{3.8}$$

$$E(i) = \sum_k^m \sum_o^q (d_o - \gamma O_o)^2 \tag{3.9}$$

式中：i 为染色体数目；O 为输出节点数；k 为样本数目；d_o 为期望输出；γO_o 为实际输出。

（3）用交叉概率 P_c 对个体 G_i 和 G_{i+1} 进行交叉操作，进而产生新个体 G'_i 和 G'_{i+1}，未被交叉操作的个体直接复制采用；根据突变概率 P_m 突变产生新个体 G'_j。

（4）将第 3 步产生的新个体均插入到种群 P 中，并根据式（3.7）～式（3.9）计算新个体的评价函数。

（5）判断算法是否结束，结束转向第 6 步，若不结束转向第 3 步。

（6）算法结束，将最优个体解码即为优化后网络的连接权值系数，将该系数赋值给 BP 网络进行训练及预测输出。

2. GRNN 模型

GRNN 模型在非线性映射问题方面有着较强的优势，建立在非参数核回归数理统计的基础上，具有高度容错性和鲁棒性，同时具有较强的柔性网络结构[152]。GRNN 模型由网络输入层、模式层、求和层及输出层组成，非独立变量 Y 相对于独立变量 x 的回归分析实际上是求具有的最大概率值 y，遵从以下条件均值：

$$\hat{Y} = E(y/X) = \frac{\int_{-\infty}^{\infty} y f(X, y)\,\mathrm{d}y}{\int_{-\infty}^{\infty} f(X, y)\,\mathrm{d}y} \qquad (3.10)$$

式中：$\hat{Y}$ 为在输入 X 的前提下对应的 Y 的预测输出值。

Parzen 非参数估计条件下，可由样本数据集 $\{x_i, y_i\}_{i=1}^n$ 估算其密度函数 $\hat{f}(X, y)$，如下式所示：

$$\hat{f}(X, y) = \frac{1}{n (2\pi)^{\frac{p+1}{2}} \sigma^{p+1}} \cdot \sum_{i=1}^n \exp\left[-\frac{(X - X_i)^{\mathrm{T}}(X - X_i)}{2\sigma^2}\right] \cdot \exp\left[-\frac{(X - Y_i)^2}{2\sigma^2}\right]$$
$$(3.11)$$

式中：X_i、Y_i 分别为随机变量 x 和 y 的样本实际值；n 为样本数量；p 为 x 的维数；σ 为高斯函数的宽度系数，即光滑因子。

$$\begin{aligned}
\hat{Y}(X) = E(y/X) &= \frac{\sum\limits_{i=1}^n \exp\left[-\dfrac{(X - X_i)^{\mathrm{T}}(X - X_i)}{2\sigma^2}\right]\int_{-\infty}^{\infty} y\exp\left[-\dfrac{(X - Y_i)^2}{2\sigma^2}\right]\mathrm{d}y}{\sum\limits_{i=1}^n \exp\left[-\dfrac{(X - X_i)^{\mathrm{T}}(X - X_i)}{2\sigma^2}\right]\int_{-\infty}^{\infty} \exp\left[-\dfrac{(X - Y_i)^2}{2\sigma^2}\right]\mathrm{d}y} \\[2mm]
&= \frac{\sum\limits_{i=1}^n Y_i\exp\left[-\dfrac{(X - X_i)^{\mathrm{T}}(X - X_i)}{2\sigma^2}\right]}{\sum\limits_{i=1}^n \exp\left[-\dfrac{(X - X_i)^{\mathrm{T}}(X - X_i)}{2\sigma^2}\right]}
\end{aligned} \qquad (3.12)$$

式中：$\hat{Y}(X)$ 为所有样本观测值 Y_i 的加权平均，Y_i 的权重因子为相应的样本 X_i 与 X 之间的 Euclid 距离平方的指数。当 $\sigma \to +\infty$ 时，概率密度函数的估计较为平滑，接近于所有样本应变量的平均值，$\hat{Y}(X)$ 为多元 Gauss 函数，当 $\sigma \to 0$ 时，$\hat{Y}(X)$ 为 $\hat{Y}(X)$ 与 X 之间 Euclid 距离最近的样本观测值。

本书拟在 Matlab R2014a 编程环境下，对 GRNN 神经网络进行建模，具体步骤如下：

步骤 1：输入水库入流样本数据，并将其分为训练样本和检验样本两类。

步骤 2：利用 Matlab 内部 premnmx 和 tramnmx 函数将原始样本数据归一化到 [0，1] 区间内。

步骤 3：利用 Matlab 内部 newgrnn 函数创建 GRNN 神经网络并进行训练与

检验。在 0.1～1 之间每隔 0.01 取一个数作为光滑因子进行训练，并经检验来求得光滑因子的最优解。

步骤 4：当网络预测的平均误差率最小时，将所对应的光滑因子作为最优光滑因子，网络训练结束。

步骤 5：利用训练并经检验好的 GRNN 神经网络进行水库入流预测，将预测出的数据进行反归一化后作为预测结果。

3. SVM 模型

SVM 模型以其能满足非线性、小样本、高维数等实际问题，近年来在预测领域被广泛应用。SVM 模型的基本思想是[153-154]：对于事先给定的样本数据集 $\{(x_i, y_i) | i=1, 2, \cdots, k\}$，$x_i$ 为输入变量值，y_i 为对应的输出变量值，要求寻找一个从输入空间到输出空间的映射 $f: R^n \rightarrow R^m (m \geqslant n)$，使得 $f(x) \approx y$，拟合函数形式为

$$y = f(x) = \langle W, \varphi(x) \rangle + b \tag{3.13}$$

式中：W、$\varphi(x)$ 为 m 维向量；b 为阈值。

可通过极小化目标函数法来确定相应系数，如下式所示：

$$\min \left(\frac{1}{2} \| W \|^2 + C R_{emp}^{\varepsilon} \right) \tag{3.14}$$

$$R_{emp}^{\varepsilon} = \frac{1}{l} \sum_{i=1}^{l} | y_i - f(x_i) | \tag{3.15}$$

式中：C 为调节训练误差和模拟复杂度之间折中的正则化函数，事先可确定；ε 为不灵敏损失函数。由此可以看出，SVM 回归分析即为解决等价的二次规划问题：

$$\min_{\omega, b, \varepsilon} \frac{1}{2} \| W \|^2 + C \sum_{i=1}^{l} (\xi_i + \xi_i^*) \tag{3.16}$$

$$s.t. \begin{cases} y_i - \langle W, \varphi(x) \rangle \leqslant b + \xi + \varepsilon \\ \langle W, \varphi(x) \rangle - y_i \leqslant \xi_i^* - b + \varepsilon \\ \xi_i \geqslant 0, \xi_i^* \geqslant 0, i = 1, 2, \cdots, l \end{cases} \tag{3.17}$$

在引入核函数 $K(x_i - x_j) = \varphi(x_i) \varphi(x_j)$ 后，上式求得的非线性回归函数为

$$f(x) = \omega \cdot \varphi(x) + b = \sum_{sv} (\alpha_i - \alpha_j^*) K(x_i - x_j) + b \tag{3.18}$$

本书选取高斯径向核函数，即 $K(x_i - x_j) = \exp(- \| x_i - x_j \|^2 / \sigma^2)^d$，在 Matlab R2014a 运行环境下实现建模。

3.2.3　集成预测

由于各单一模型在遵循各自原理基础上进行的水库入流预测在一定程度上存在各自的弊端，且其预测精度和泛化能力有所不同，因此本书拟在 3 种单一

模型基础上，发挥其优劣互补效益，通过以下集成技术来提高水库入流预测可靠性及实用性。模型预测精度是反映一个模型预测值与实测值相差水平的最直观表现指标，也是在评价众多预测模型的可靠性中采用最为广泛的指标；泛化能力（外延能力）是表征模型算法对输入样本的适应能力，即能反映网络性能可靠性。因此，本书选取模型预测精度和泛化能力两个指标来定性确定各单一模型权重，进而再通过下式来构建水库入流集成预测模型：

$$p = \sum_{i=1}^{m} \omega_i p_i' \tag{3.19}$$

式中：p 为集成模型预测值；m 为单一预测模型个数，本书中 $m=3$；p_i' 为各单一模型预测值；ω_i 为各单一模型权重，可通过以下分析获得。

选取平均相对误差 ARE（Average Relative Error）作为衡量模型精度的具体指标，模型的泛化能力 ψ 可用均方根误差 $RMSE$（Root - Mean - Square Error）和模型拟合度 R^2 两个指标的比值来衡量。

$$ARE = \frac{1}{n} \sum_{i=1}^{n} \left| \frac{p_i - p_i'}{p_i} \right| \tag{3.20}$$

$$RMSE = \sqrt{\frac{\sum_{i=1}^{n} (p_i - p_i')^2}{n}} \tag{3.21}$$

$$R^2 = \frac{\sum_{i=1}^{n} (p_i - \overline{p_i})(p_i' - \overline{p_i'})}{\sqrt{\sum_{i=1}^{n} (p_i - \overline{p_i})^2 \sum_{i=1}^{n} (p_i' - \overline{p_i'})^2}} \tag{3.22}$$

$$\psi = \frac{RMSE}{R^2} \tag{3.23}$$

式中：p_i 为入库径流实测值；p_i' 为模型预测值；$\overline{p_i}$、$\overline{p_i'}$ 分别为实测系列和预测系列均值；n 为样本的系列长度。

两项指标下各单一模型的权重可通过量化指标归一化的方法来计算。

模型预测精度指标下单一模型的权重计算：

$$\omega_{1i} = \frac{1/|ARE_i|}{\sum_{i=1}^{m} 1/|ARE_i|} \tag{3.24}$$

模型泛化能力指标下单一模型的权重计算：

$$\omega_{2i} = \frac{\psi_i}{\sum_{i=1}^{m} \psi_i} \tag{3.25}$$

单一模型的综合权重计算：

$$\omega_i = \omega_1 \cdot \omega_{1i} + \omega_2 \cdot \omega_{2i} \tag{3.26}$$

式中：ω_i 为第 i 个单一模型的综合权重；ω_{1i}、ω_{2i} 分别为预测精度及泛化能力两个指标下第 i 个单一模型的权重；ω_1、ω_2 分别为预测精度及泛化能力两指标相对于模型预测的权重，本书采用专家打分法对两指标权重进行确定，最终确定为 $\omega_1 = 0.5500$，$\omega_2 = 0.4500$。

3.3 多水源多目标水资源宏观配置模型

水资源配置模型的实际模拟一般可概括为基于规则和基于优化的模拟方式。前者遵循水传输方向采取自上而下的方式进行模拟，其间各种节点、水利工程、各用水户、各水源等的分水规则、水库蓄放水规则等已事先确定。基于规则的水资源配置模型优点在于其融合了前人知识储备和专家经验，更能贴合流域或者区域水资源配置实际情况，但其缺点是需要反复调整各个节点、水利工程等的水量分配策略，耗时耗力，且过于遵循专家经验会导致水资源配置方案最终因人而异。基于优化的水资源配置模型是采用线性或者非线性规划方法，通过设立目标函数和约束条件，使得配置模型自己调整各个节点、水利工程等的水量分配策略，用统计学方法寻求最优策略，其缺点是要求对目标函数及约束条件有精准的把握，优点在于耗时短，且对结果的宏观趋势把握较好以及受决策者偏好影响较小[155]。

配置模型以月为计算时段，采用长系列水文资料进行调算并进行水资源供需平衡分析。采用多水源进行供水，水源主要有地表水、地下水、外调水及再生水。

3.3.1 配置模型目标函数

水资源宏观配置模型的目标函数是用来评价无穷多符合约束条件的解的相对优劣而事先制定的运行标准，即目标函数制定后，水资源宏观配置模型能够在无穷多可行解中寻找出最优解，使得目标函数值达到最大（或最小）。本书配置目标函数由以下几项分目标组成：湖泊、湿地缺水量最小，各用水户缺水量最小，水库弃水量最小以及供水水源优先序最合适[142]。

（1）湖泊、湿地缺水量目标函数：

$$F_1 = \sum_{k=1}^{l} \alpha_k XML_k \qquad k = 1, 2, 3, \cdots, l \tag{3.27}$$

式中：F_1 为湖泊、湿地缺水量总和，万 m³；XML_k 为第 k 个湖泊或者湿地缺水量，万 m³；α_k 为第 k 个湖泊或者湿地的权重系数。

（2）各用水户缺水量目标函数：

$$F_2 = \sum_{j=1}^{m} \alpha_j (\alpha_C XZMC_{ij} + \alpha_I XZMI_{ij} + \alpha_E XZME_{ij} + \alpha_A XZMA_{ij} + \alpha_R XZMR_{ij}) + \lambda XMIN$$

$$i = 1,2,3,\cdots,n, j = 1,2,3,\cdots,m \qquad (3.28)$$

式中：F_2 为各用水户缺水量总和，万 m^3；$XZMC_{ij}$、$XZMI_{ij}$、$XZME_{ij}$、$XZMA_{ij}$、$XZMR_{ij}$ 分别为第 i 种水源给第 j 个计算单元内的城镇生活、工业及三产、河道外生态、农业及农村生活供水后的缺水量，万 m^3；$XMIN$ 为农业均匀破坏度；λ 为农业均匀破坏度的权重系数；α_C、α_I、α_E、α_A、α_R 分别为第 j 个计算单元内对以上几种用水户的供水权重系数；α_j 为第 j 个计算单元的权重系数。

（3）水库弃水量目标函数：

$$F_3 = \sum_{r=1}^{q} \left(\alpha_r \sum_{t=1}^{12} XRSV_{rt} \right) \qquad r=1,2,3,\cdots,q, t=1,2,3,\cdots,12 \qquad (3.29)$$

式中：F_3 为水库蓄水总库容，万 m^3；α_r 为第 r 座水库重要程度的权重系数；$XRSV_{rt}$ 为第 r 座水库第 t 个月蓄水库容，万 m^3。

$$F_4 = \sum_{r=1}^{q} \left[\alpha_r \left(\sum_{t \in 汛期} \sum_{lr} \beta_1 XCSRL_t^{lr} + \sum_{t \notin 汛期} \sum_{lr} \beta_2 XCSRL_t^{lr} \right) \right] \qquad (3.30)$$

式中：F_4 为水库总下泄水量，万 m^3；β_1、β_2 分别为水库在汛期及非汛期下泄水量的权重系数；lr 为第 r 座水库下游对应的河道集合；$XCSRL_t^{lr}$ 为第 r 座水库在第 t 个月给下游河道 lr 的下泄水量，万 m^3。

（4）供水水源优先序目标函数：

$$F_5 = \sum_{j=1}^{m} \alpha_{sur} (XCSC_j + XCSI_j + XCSE_j + XCSA_j + XCSR_j)$$

$$+ \sum_{j=1}^{m} \alpha_{div} (XCDC_j + XCDI_j + XCDE_j + XCDA_j + XCDR_j)$$

$$+ \sum_{j=1}^{m} \alpha_{grd} (XZGC_j + XZGI_j + XZGE_j + XZGA_j + XZGR_j)$$

$$+ \sum_{j=1}^{m} \alpha_{rec} (XZTI_j + XZTE_j + XZTA_j) \qquad (3.31)$$

式中：F_5 为区域供水总量，万 m^3；α_{sur}、α_{div}、α_{grd}、α_{rec} 分别为地表水、外调水、地下水及再生水的供水权重系数；$XCSC_j$、$XCSI_j$、$XCSE_j$、$XCSA_j$、$XCSR_j$ 分别为地表水城镇生活供水量、地表水工业及三产供水量、地表水河道外生态供水量、地表水农业供水量、地表水农村生活供水量，万 m^3。外调水、地下水及再生水对各用水户供水量以此类推；再生水仅对工业及三产、河道外生态及农业供水。

（5）综合目标。对于多目标水资源宏观配置问题，通常通过给每个单一目标赋权的方式来将多目标转换为单一目标问题。为此，以下给出面向多水源多目标的水资源宏观配置模型的综合目标函数，如下式所示：

$$Z = \max(-\gamma_1 F_1 - \gamma_2 F_2 + \gamma_3 F_3 - \gamma_4 F_4 + \gamma_5 F_5) \tag{3.32}$$

式中：Z 为多水源多目标水资源宏观配置模型综合目标函数值；γ_i 为第 i 项分目标权重系数。

3.3.2 配置模型典型平衡方程及约束条件

本书中典型平衡方程及约束条件主要针对对水资源宏观配置方案起决定性作用的水库、河渠道、节点及计算单元。其中，典型平衡方程主要有水库水量平衡方程、河渠道水量平衡方程、节点水量平衡方程及计算单元水量平衡方程。

（1）水库水量平衡方程：

$$XRSV_{r,t+1} = XRSV_{r,t} + (IV_{r,t} - QV_{r,t})\Delta t - W_{r,t} - P_{r,t} \tag{3.33}$$

式中：$IV_{r,t}$、$QV_{r,t}$ 分别为第 r 座水库 t 时段平均入库流量和下游出库流量，m^3/s；$W_{r,t}$ 为第 r 座水库 t 时段上游引水量，万 m^3；$P_{r,t}$ 为第 r 座水库 t 时段蒸发、渗漏损失水量，万 m^3；其余符号意义同前。

（2）河渠道水量平衡方程：

$$R_{j,t+1} = R_{j,t} + (IR_{j,t} - QR_{j,t})\Delta t \tag{3.34}$$

式中：$R_{j,t}$、$R_{j,t+1}$ 分别为第 j 段河渠道（包括当地地表水河渠道、外调水渠道）t 时段初、末蓄水量，万 m^3；$IR_{j,t}$、$QR_{j,t}$ 分别为第 j 段河渠道断面 t 时段平均进入流量和出去流量，m^3/s。

（3）节点水量平衡方程：

$$I_{k,t} = Q_{k,t} + F_{k,t} \tag{3.35}$$

式中：$I_{k,t}$、$Q_{k,t}$、$F_{k,t}$ 分别为第 k 节点 t 时刻的流量、上游河段出流量、支流汇入流量，m^3/s。

（4）计算单元水量平衡方程：

$$WD_{l,t} = \sum_{x=1}^{5} CL_{l,t} + \sum_{x=1}^{5} ID_{l,t} + \sum_{x=1}^{5} CE_{l,t} + \sum_{x=1}^{5} RL_{l,t} + \sum_{x=1}^{5} AG_{l,t} + F_2 \tag{3.36}$$

式中：$WD_{l,t}$ 为第 l 个计算单元 t 时刻的需水量，万 m^3；x 表示供水水源，分别为当地地表水、当地地下水、当地可利用水、外调水及再生水；$CL_{l,t}$、$ID_{l,t}$、$CE_{l,t}$、$RL_{l,t}$、$AG_{l,t}$ 分别为城镇生活、工业及三产、河道外生态、农村生活及农业供水量，万 m^3；F_2 为各用水户缺水总量，具体表达式见式（3.28）。

本书中配置模型约束条件主要有水库库容约束、河道调蓄能力约束、河道输水能力约束及非负约束。

（1）水库库容约束：

$$XRSV_{r,\min} \leqslant XRSV_{r,t} \leqslant XRSV_{r,\max} \tag{3.37}$$

$$QV_{r,t} \leqslant f(Z_{r,i}) \tag{3.38}$$

式中：$XRSV_{r,\min}$、$XRSV_{r,\max}$分别为第 r 水库最小、最大库容，万 m^3；$f(Z_{r,i})$ 为第 r 水库泄流函数；$Z_{r,i}$为第 r 水库在 t 时刻的水位，m。

（2）河道调蓄能力约束：

$$R_{\min}(j,t) \leqslant R_{j,t} \leqslant R_{\max}(j,t) \tag{3.39}$$

式中：$R_{\min}$（j，t）、$R_{\max}$（j，t）分别为第 j 段河道在 t 时刻的最小与最大蓄水库容，万 m^3。

（3）河道输水能力约束

$$QR_{j,t} \leqslant QR_{\max}(j,t) \tag{3.40}$$

式中：$QR_{\max}$（j，t）为第 j 段河道在 t 时刻的最大输水流量，m^3/s。

（4）非负约束。以上所涉及的所有参数均需满足非负条件。

3.4 地下水均衡模型

目前，对区域地下水资源进行评价主要采用以下 5 种方法：四大储量法、数理统计法、水文概念模型法、数学物理方法及水均衡法[156]。其中，水均衡法以其概念相对明确、对区域地质条件认知度较低、资料需求较低、操作简单易行等优点，被国内外众多学者优先采用。

3.4.1 地下水均衡原理

地下水均衡即指均衡区内，地下水的总补给量与总排泄量保持相对平衡的状态。从长远角度来看，某地区地下水的补给与排泄应该是保持相对平衡的，但在某些特殊时期可能出现短暂的正均衡或者负均衡，尤其在人为影响条件下，地下水均衡经常被打破，呈现出地下水超采等不良后果。

地下水均衡原理可通过其均衡方程式来表达，如下式所示：

$$Q_{补} - Q_{排} = \pm \mu F \frac{\Delta S}{\Delta t} \tag{3.41}$$

$$Q_{补} = WR_p + WR_r + WR_c + WR_s + WR_f + WR_m + WR_w \tag{3.42}$$

$$Q_{排} = WD_l + WD_s + WD_r + WD_a \tag{3.43}$$

式中：$Q_{补}$为地下水总补给量，万 m^3，主要包括降雨入渗补给量（WR_p）、河道渗漏补给量（WR_r）、渠系渗漏补给量（WR_c）、水库渗漏补给量（WR_s）、田间入渗补给量（WR_f）、山前侧渗补给量（WR_m）及井灌回归补给量（WR_w）等；$Q_{排}$为地下水总排泄量，主要包括侧向流出量（WD_l）、潜水蒸发量（WD_s）、河渠湖库排泄量（WD_r）及人工开采量（WD_a）等；ΔS 为地下水水位变化，m；Δt 为均衡时间长度，s；F 为均衡区面积，m^2；μ 为含水层给水度。

地下水总补给量中各分项计算如下所示[157]：

降雨入渗补给量计算：

$$WR_p = \alpha PF \tag{3.44}$$

河道渗漏补给量计算：

$$WR_r = \beta W_{河剩} \tag{3.45}$$

渠系渗漏补给量计算：

$$WR_c = \gamma' \gamma''(1-\eta)W_{渠引} \tag{3.46}$$

水库渗漏补给量计算：

$$WR_s = \delta W_{库} \tag{3.47}$$

田间入渗补给量计算：

$$WR_f = \chi W_{田} \tag{3.48}$$

山前侧渗补给量计算：

$$WR_m = W_{径} \times 1.2\% \tag{3.49}$$

井灌回归补给量计算：

$$WR_w = \varepsilon W_{井} \tag{3.50}$$

式中：α、β、δ、χ、ε 分别为降雨入渗补给系数、河道渗漏补给系数、水库入渗补给系数、田间灌溉入渗补给系数及井灌回归系数；P 为年降雨量，mm；$W_{河剩}$ 为河水位高于两岸地下水水位时的河道剩余径流量，万 m^3；γ'、γ'' 分别为渠系渗漏修正系数、渠系防渗修正系数；η 为渠系利用系数；$W_{渠引}$ 为渠首引水量，万 m^3；$W_{库}$ 为水库兴利库容，万 m^3；$W_{田}$ 为田间灌溉水量，万 m^3；$W_{径}$ 为多年平均地表径流量，万 m^3；$W_{井}$ 为井灌抽取地下水量，万 m^3。

地下水总排泄量中各分项计算如下所示，其中人工开采量根据开采量实际调查方法或实测值而得。

侧向流出量计算：

$$WD_l = KIAL\Delta t \tag{3.51}$$

潜水蒸发量计算：

$$WD_s = \varphi HF \tag{3.52}$$

河渠湖库排泄量计算：

$$WD_r = \phi WD_{河} \tag{3.53}$$

式中：φ、ϕ、K 为潜水蒸发系数、河渠湖库排泄系数、渗透系数，m/d；H 为水面蒸发深度，m；I 为垂直于本区域边界线剖面的水力坡度；A 为单位边界线长度垂直于地下水流向的剖面面积，m^2；L 为计算的边界线长度，m。

3.4.2　地下水可开采量计算

确定区域地下水可开采量是目前地下水资源科学管理的一大难题，地下水可开采量计算精度及可信度难以估计，原因在于开采机井数量庞大且出水量难以量算，导致地下水开采量统计工作难以实现或存在较大误差。在地下水可开采量计算方面，传统方法主要有收集资料统计法及开采量调查统计法，两者均有其优缺点，前者工作量较小但可信度较低，后者则相反。在缺乏实测数据的情况下，国内外许多学者也逐渐研究出相关要素动态分析法来不确定性地估计地下水可开采量，如定额法、能源消耗法等；同时，地下水均衡方程分析法以其操作简单、数据要求较低被逐渐采用；如今，随着计算机技术的不断发展，基于计算机软件系统的地下水数值模型以其精度较高等优点也被广泛采用，通过构建数值模型模拟地下水流动态变化，进而通过相关参数确定研究区域地下水可开采量[158]。

本书采用地下水可开采系数法定量确定研究区地下水可开采量，以水资源宏观配置模型首次运行出的相关结果作为地下水补给项输入数据，并通过判定该配置方案下地下水可开采量是否符合事先设定的条件来不断反馈配置方案的优劣性。地下水可开采系数法计算地下水可开采量的公式如下：

$$W = \rho Q_{补} \tag{3.54}$$

式中：W 为地下水可开采量，万 m^3；ρ 为研究区域地下水可开采系数，根据研究区域地下水动态资料、含水层类型和开采条件、地下水富水程度、调蓄能力、实际开采状况及已出现的生态环境问题等综合分析确定。

3.5　本章小结

本章着重对区域水量宏观总控配置进行研究，为后续区域水资源多目标均衡调度提供管理层面上的宏观配置结果，主要包括以下 4 个方面内容：

（1）系统研究区域水量宏观总控配置技术框架，明确三层次模型构建途径及内部响应关系，探讨地下水多重循环迭代技术。

（2）构建水库入流集成预测模型，在对水库入流趋势进行分析的前提下，研究遗传算法优化的误差反向传播算法（GA‐BP）模型、广义回归神经网络（GRNN）模型及支持向量机（SVM）模型 3 种预测模型的集成技术。

（3）明确多水源多目标水资源宏观配置模型目标函数、典型平衡方程及约束条件的数学表达。

（4）在探讨地下水均衡原理的基础上，构建基于地下水可开采量计算的地下水均衡模型。

第 4 章

区域水资源多目标均衡调度
模型构建与求解

本章在第 3 章全区域水量宏观总控配置技术研究基础上,进一步探讨如何将微观的水资源运行管理与宏观的水资源规划相结合。首先,从目标函数、约束条件及时间序列三方面对水资源配置与调度的耦合过程展开研究;其次,构建区域水资源多目标均衡调度模型,厘清建模思路,明确调度规则,确定模型决策变量与目标函数、约束条件的数学表达;最后,研究高斯优化混沌粒子群算法(GCPSO)在区域水资源多目标均衡调度模型求解中的应用[159]。

4.1 区域水资源配置与调度耦合分析

区域水资源调度方案受到当前条件下各行业用水需求形势、经济政策、水资源禀赋等多种因素影响,同时也受到水利有关部门水量宏观配置方案的严格约束,因此如何在事前约束与实时影响之间取得水资源调度方案的均衡解,是本节水资源配置与调度耦合分析的主要内容。

水资源宏观配置在综合考虑区域用水需求增加、各类水源可供水量变动、水利工程建设等多种因素的前提下,从宏观层面总量控制区域水量调度方案,对研究区域的水量传递与转换关系进行总体有效调控,从而确定天然水循环与人工侧支水循环下区域水利工程的实际入流。同时,通过水资源宏观配置系统的多次模拟,能够清晰界定特定水利工程的合理供水范围以及区域内各水源、各用水户合理供水量,从而为区域水资源调度提供可靠的边界条件。本书拟从模型目标函数、约束条件及涉及的时间序列三大方面,逐项分析水资源宏观配置与调度耦合技术。

4.1.1 目标函数耦合

区域水资源多目标均衡调度目标函数分为三类:社会、经济及生态效益目标。其中,需要与水资源宏观配置方案相耦合的主要为社会与生态效益目标函数。

本书中社会效益以区域缺水总量最小为目标,其中涉及的各用水户需水量可直接调用水资源宏观配置方案生成的各分区各用水户实际供水量;在考虑河道内生态基流基础上,本书引入"生态节点径流量偏差系数"作为生态效益目标函数的决定因素,用来反映各生态节点处生态调度后旬均径流量值相对于自然状态下旬均径流量值的改变程度,该系数值越小,表明生态调度后旬均径流量值越接近于自然状态值,即水文变异程度越小。其中,自然状态下旬均径流量值以宏观配置方案所得的旬均径流量值耦合代替。

4.1.2　约束条件耦合

水资源配置与调度的约束条件耦合主要体现在两个方面:各水源可供水量及各用水户需水量。通过水资源宏观配置,可以在各水源供水能力、河渠道输水能力、水库库容等明确约束下,清晰界定各计算分区内水利工程的合理供水范围与各水源合理供水量,进一步缩小微观调度下各水源可供水量;同时,通过对各用水户供水比例的不断调整,水资源宏观配置模型输出的各计算分区内各用水户供水量可作为调度模型中各用水户实际需水情况,再根据不同用水户用水保证率的高低调整各水源在不同用水户之间的供水比例。

水资源调度模型中各水源可供水量受到宏观配置方案下各水源实际供水量的事前约束与指导,因此在耦合过程中,各水源供给各用水户供水量之和应不超过宏观配置模型中各水源实际供水量。区域供水过程中各用水户供水优先序依次为:生活用水、生态用水、工业用水、农业用水,因此在水资源调度模型约束中,生活用水应作为绝对约束,以保证优先满足人们日常生活用水需求;生态用水可通过设置不同的满足系数,供决策参考;工业及农业供水保证率较低,可作为软约束。

4.1.3　时间序列耦合

水资源宏观配置结果作为管理水资源的宏观指导,以月为模型输出数据系列单位,而在实际水资源调度过程中,以月为指导方案已显得不足,特别是对于农业供水,由于政策、气候、水资源禀赋等条件的改变,急需更为精确的水资源调配策略。因此,时间序列的耦合即为根据各计算分区内生活、生产、生态需水的时间分布特征,将宏观配置方案所得月数据预处理成调度模型所需的旬数据,并以此作为调度模型的输入。

生活用水作为区域供水级别最高的用水户,其需水量主要跟区域人口及生活用水定额有关,需水过程相对比较均匀,因此生活需水量旬数据可通过配置方案中的月数据平均求得；生态用水与生活用水类似，其需水量主要跟区域生态环境面积及生态用水定额有关，其需水过程也相对较均匀，因此也可通过月数据平均求得；工业用水主要跟区域内各企业性质及工作时间有关，除特殊工业用水外，大部分工业用水过程在年内也无较大变化，因此亦可通过月数据平均求得；农业用水作为区域用水大户，其用水过程与当地灌溉制度等有着极大关系，因此在处理配置方案月数据时，应参考当地农业灌溉制度表，根据农作物种类、种植结构及灌溉定额等合理划分成旬数据。

4.2　区域水资源多目标均衡调度模型构建

4.2.1　建模思路

以水文系列数据、生态需水方案、系统网络图、工程供水方案、工程退水方案以及水资源宏观配置模型确定的国民经济需水方案、水源利用方案等作为调度模型的基本输入条件，根据水资源调度规则等以及各水源供水量约束、各用水户需水量约束、水量平衡、河道生态流量、渠系流量等约束条件形成模拟模块，通过模拟模块计算的河道下泄水量以及河道外供水量形成相应的水资源调度方案，并对方案进行比选，选择最优结果作为区域水资源多目标均衡调度方案。具体建模思路如图 4.1 所示。

4.2.2　调度规则

区域宏观管理控制下，水资源多目标均衡调度应坚持安全性第一、防洪优先、水资源统筹调度、需水优先满足以及分质供水的原则，同时为减少缺水损失和兼顾公平性，应坚持宽浅式破坏的原则。在此基础上，考虑到区域水利工程及计算单元等的特性，应遵循以下几条规则。

1. 水库调度规则

水库调度规则是以水库长系列来水、库容及出流过程为基础总结出来的具有规律性的水库供水特征。供水过程中可根据不同用水户需求划分各用水户供水调度线，从而将水库兴利库容划分为若干个调度分区。其中，水库调度下限为各用水户的限制供水线，调度上限为水库水位上限，其中各用水户限制供水线为宏观配置方案所得各水库对各用水户供水量。具体调度过程中，可根据水库水位所处调度区间，决定是否对某用水户进行供水。

2. 水库群调度规则

区域水资源多目标均衡调度往往所涉及的水库众多，因此需要事先制定水库群调度规则。根据区域水库群供水特点，可将水库群分为三类：串联水库群

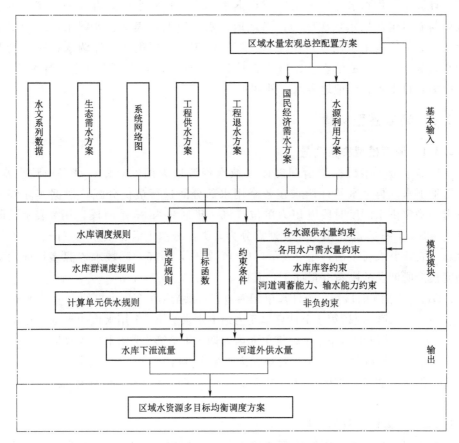

图 4.1　区域水资源多目标均衡调度建模思路

（也称梯级水库群）、并联水库群、串并结合水库群。

串联水库群调度规则：干支流上串联水库兴利库容相加，作为一个虚拟的较大水库对供水单元进行供水。

并联水库群调度规则：引水节点优先于水库供水；来水量小的引水节点优先于来水量大的引水节点供水；小库容水库优先于大库容水库供水。需要说明的是，引水节点可看作库容为 0 且不具备调蓄能力的水库。

串并结合水库群调度规则：将干支流上串联水库兴利库容分别相加，构成等效的并联水库，以并联水库调度规则确定干支流的调度计算顺序。

3. 计算单元供水规则

在水资源宏观配置方案指导下，计算单元内河道外各用水户供水优先次序依次为：城镇生活、农村生活、河道外生态及河道内生态基流、工业及第三产业、农业。

计算单元供水水源优先次序应根据不同用水户对水质的需求来制定。对于城镇与农村生活用水，次序为：当地地下水、当地地表水、外调水；对于工业及三产、河道内生态用水，次序为：当地地表水、再生水、外调水；对于农业用水，次序为：当地地表水、当地地下水、外调水；对于河道外生态环境用水，次序为：再生水、当地地表水、外调水。

4.2.3　调度模型构建

4.2.3.1　调度模型决策变量

区域水资源多目标均衡调度以区域水资源量为调度对象，对当地地表水、当地地下水、再生水及外调水在各个用水部分间进行最优分配。根据实际调度需求，确定供水调度时段以旬为单位，将一年划分为 36 个时段，用 t 表示，即 $t=1$，2，3，…，36。用水户类型划分为 5 类：城镇生活、工业及三产、河道外生态、农业、农村生活，用 i 表示，$i=1$，2，3，4，5。区域水资源多目标均衡调度模型所涉及的决策变量如下，其中 $j=1$，2，3，…，m。

Gs_{tij}——第 t 时段第 j 个计算单元内地表水供给第 i 个用水户的水量，万 m^3。

Gg_{tij}——第 t 时段第 j 个计算单元内地下水供给第 i 个用水户的水量，万 m^3。

Gd_{tij}——第 t 时段第 j 个计算单元内外调水供给第 i 个用水户的水量，万 m^3。

Gr_{tij}——第 t 时段第 j 个计算单元内再生水供给第 i 个用水户的水量，万 m^3。

值得注意的是，再生水仅对工业及三产、河道外生态及农业供水，即 $i=2$，3，4。

4.2.3.2　调度模型目标函数

为更好地与宏观水资源管理决策相结合，同时体现出当前条件下各行业用水需求形势、经济政策、水资源禀赋、生态改善等多种因素的影响，区域水资源多目标均衡调度的目标函数应统筹考虑社会、经济和生态等多方面要求，因地制宜地协调并缓解各行各业用水紧张局面，满足人口、资源、环境与经济协调发展对水资源在时间、空间、数量及质量上的各项要求，使得有限的水资源能够获得综合效益最大值。

1. 社会效益目标

区域水资源多目标均衡调度的主要目的在于供水，因此，本书选取区域整体缺水量最小来表征调度模型的社会效益最大化。

$$\min E_1 = \min \sum_{t=1}^{T} \sum_{j=1}^{m} \sum_{i=1}^{n} \left[\min |0,(W_{tij} - Gs_{tij} - Gg_{tij} - Gd_{tij} - Gr_{tij})| \right]$$

$$(4.1)$$

式中：W_{tij} 为第 t 时段第 j 个计算单元内第 i 类用水户的需水量，万 m^3，由第 3 章水资源宏观配置模型求得。

2. 经济效益目标

区域水资源多目标均衡调度有别于水库调度等基于水利工程类调度系统，它以区域整体水资源利用率最高为目的，其经济效益往往体现在水资源调度后所带来的各部门产值上。因此，本书选择水资源调度后所带来的纯利润最大来表征经济效益目标。

$$\max E_2 = \max \sum_{t=1}^{T} \sum_{j=1}^{m} \sum_{i=1}^{n} \begin{bmatrix} (Bs_{tij} - Cs_{tij})Gs_{tij} + (Bg_{tij} - Cg_{tij})Gg_{tij} + \\ (Bd_{tij} - Cd_{tij})Gd_{tij} + (Br_{tij} - Cr_{tij})Gr_{tij} \end{bmatrix}$$

(4.2)

式中：Bs_{tij}、Bg_{tij}、Bd_{tij} 及 Br_{tij} 分别为第 t 时段第 j 个计算单元内第 i 类用水户分别从当地地表水、当地地下水、外调水及再生水取单位水量所产生的效益，元/万 m^3；Cs_{tij}、Cg_{tij}、Cd_{tij} 及 Cr_{tij} 分别为第 t 时段第 j 个计算单元内第 i 类用水户分别从当地地表水、当地地下水、外调水及再生水取单位水量所需的费用，元/万 m^3。

3. 生态效益目标

水资源调度后会在一定程度上造成区域内河流水文序列变异，从而可能导致河流生态环境不适合现状条件下鱼类生存或者导致河流本身生态条件受损。研究表明，河流旬均流量可以在一定程度上反映其水文序列的变异程度，因此，本书引入"生态节点径流量偏差系数"作为生态效益目标函数决定因素，该值越小，表明生态调度后旬均径流量值越接近于自然状态值，即水文变异程度越小。

$$\min E_3 = \min \left(\sqrt{\frac{1}{36} \times \sum_{t=1}^{36} M_m^2} \right)$$

(4.3)

$$M_m = \left| \frac{Nm_{0,m} - Nm_{e,m}}{Nm_{e,m}} \right| \times 100\%$$

(4.4)

式中：$Nm_{0,m}$、$Nm_{e,m}$ 分别为实施调度后与自然状态下各生态节点的旬均流量值，m^3/s，其中，自然状态下旬均流量值以宏观配置方案所得的旬均径流量值耦合代替；M_m 为实施调度后与自然状态下各生态节点的旬均流量值偏差百分率，%。

4. 综合目标

基于宏观配置方案的水资源多目标均衡调度以社会效益、经济效益和生态效益的综合效益最大为总目标。由于各个优化目标间具有不可公度性与矛盾性，为有效协调各目标间关系，主要有以下两类方法进行处理：约束法、权重法。约束法是将其中一个目标作为主要目标，其余目标转换成约束条件，通过主目标函数与一组扩展的约束条件建立一个单目标优化模型进行求解；权重法是根据各目标相对于综合目标的重要性，赋予各目标一个相对权重，将各目标函数加权和作为单一总目标进行求解[160]。本书采用权重法对调度模型目标进行优化，可用下式表示：

$$S = \max\left[E = \sum_{n=1}^{3} \lambda_n g_n(E_n)\right] \tag{4.5}$$

其中，$g_n(\cdot) = \dfrac{E_n - E_{n,\min}}{E_{n,\max} - E_{n,\min}}$，或对于负向指标，$g_n(\cdot) = \dfrac{E_{n,\max} - E_n}{E_{n,\max} - E_{n,\min}}$。

式中：S 为基于宏观配置方案的水资源多目标均衡调度模型综合目标函数值；λ_n 为第 n 项分目标权重系数，$0 \leqslant \lambda_n \leqslant 1$ 且 $\sum_{n=1}^{3} \lambda_n = 1$；$g_n(\cdot)$ 为各分目标的转换函数；$E_{n,\max}$、$E_{n,\min}$ 分别为单目标下 E_n 的最大值与最小值。

4.2.3.3　调度模型约束条件

区域水资源多目标均衡调度模型的约束条件主要由以下几部分组成：各水源供水能力约束、各用水户需水能力约束、水库库容约束、河道调蓄能力约束、河道输水能力约束及非负约束。其中，水库库容约束、河道调蓄能力约束、河道输水能力约束及非负约束可参见本书 3.3.2.2 小节。对于第 j 个计算单元的第 t 个计算时段而言，其余各项耦合后的约束条件如下所示。

1. 各水源供水能力约束

（1）当地地表水可供水量约束：

$$\sum_{i=1}^{5} Gs_{tij} \leqslant Ws_{tj} \tag{4.6}$$

（2）当地地下水可开采量约束：

$$\sum_{i=1}^{5} Gg_{tij} \leqslant Wg_{tj} \tag{4.7}$$

（3）外调水可供水量约束：

$$\sum_{i=1}^{5} Gd_{tij} \leqslant Wd_{tj} \tag{4.8}$$

（4）再生水可供水量约束：

$$\sum_{i=1}^{5} Gr_{tij} \leqslant Wr_{tj} \tag{4.9}$$

式中：Ws_{tj}、Wg_{tj}、Wd_{tj} 及 Wr_{tj} 分别为第 t 时段第 j 个计算单元内当地地表水、当地地下水、外调水及再生水的实际可供水量，万 m^3，由第 3 章水资源宏观配置模型求得。

2. 各用水户需水能力约束

（1）生活需水量约束（优先保证）：

1）城镇生活需水量：

$$W_{t1j} \leqslant Gs_{t1j} + Gg_{t1j} + Gd_{t1j} \leqslant U_{t1j} \tag{4.10}$$

2）农村生活需水量：

$$W_{t5j} \leqslant Gs_{t5j} + Gg_{t5j} + Gd_{t5j} \leqslant U_{t5j} \qquad (4.11)$$

（2）河道外生态需水量约束：

$$\beta_s W_{t3j} \leqslant Gs_{t3j} + Gg_{t3j} + Gd_{t3j} + Gr_{t3j} \leqslant U_{t3j} \qquad (4.12)$$

（3）工业、农业需水量约束：

$$G_{t2j} + G_{t4j} \leqslant \max\{(W_{t2j} + W_{t4j}), (W_{tj} - G_{t1j} - G_{t3j} - G_{t5j})\} \qquad (4.13)$$

$$G_{t1j} = Gs_{t1j} + Gg_{t1j} + Gd_{t1j} \qquad (4.14)$$

$$G_{t2j} = Gs_{t2j} + Gg_{t2j} + Gd_{t2j} + Gr_{t2j} \qquad (4.15)$$

$$G_{t3j} = Gs_{t3j} + Gg_{t3j} + Gd_{t3j} + Gr_{t3j} \qquad (4.16)$$

$$G_{t4j} = Gs_{t4j} + Gg_{t4j} + Gd_{t4j} + Gr_{t4j} \qquad (4.17)$$

$$G_{t5j} = Gs_{t5j} + Gg_{t5j} + Gd_{t5j} \qquad (4.18)$$

$$W_{tj} = \sum_{i=1}^{5} W_{tij} \qquad (4.19)$$

式中：W_{t1j}、W_{t2j}、W_{t3j}、W_{t4j} 及 W_{t5j} 分别为第 t 时段第 j 个计算单元内城镇生活、工业及三产、河道外生态、农业及农村生活需水量，万 m^3，由第 3 章水量宏观配置模型求得；U_{t1j}、U_{t3j}、U_{t5j} 分别为第 t 时段第 j 个计算单元内城镇生活、河道外生态及农村生活预测需水量，万 m^3；β_s 表示河道外生态需水量满足系数，$\beta_s \leqslant 1$，可根据情况取若干值进行计算，也可根据区域对河道外生态环境需水的特殊要求，取计算后的特定值进行计算，并以此供区域水资源调度决策参考；G_{t1j}、G_{t2j}、G_{t3j}、G_{t4j}、G_{t5j} 分别为第 t 时段第 j 个计算单元内各种水源给城镇生活、工业及三产、河道外生态、农业及农村生活的总供水量，万 m^3；W_{tj} 为第 t 时段第 j 个计算单元内各用水户需水总量，万 m^3，由水资源宏观配置模型求得。

4.3 基于高斯优化混沌粒子群算法（GCPSO）的模型求解

4.3.1 高斯优化混沌粒子群算法（GCPSO）的基本原理

高斯优化混沌粒子群算法（Gaussian Chaos Particle Swarm Optimization，GCPSO）是在引入混沌原理的同时，通过引入高斯函数惩罚系数对标准的粒子群算法进行改进后而形成的一种具有较强寻优能力的优化算法。因此，GCPSO算法的基本原理可以从以下几方面展开介绍。

4.3.1.1 粒子群优化算法（PSO）

粒子群优化算法（Particle Swarm Optimization，PSO）由 Kennedy 和 Eberhart 于 1995 年首次提出[161]，其基本思想是通过群体信息共享及个体的自身经验来不断修正个体行为，通过合作与竞争博弈，最终取得群体的利益最大化，即取得最优解。PSO算法的数学描述可表示为：设在一个 D 维空间中存在

n 个粒子，种群组成可表示为 $x = \{x_1, x_2, \cdots, x_i, \cdots, x_n\}$，其中第 i 个粒子的位置可表示为 $X_i = (x_{i1}, x_{i2}, \cdots, x_{iD})^T$，对应的速度可表示为 $V_i = (v_{i1}, v_{i2}, \cdots, v_{iD})^T$，第 i 个粒子目前位置所经历的最佳位置及其所能搜索到的最佳位置可分别表示为 $P_i = (p_{i1}, p_{i2}, \cdots, p_{iD})^T$、$P_g = (p_{g1}, p_{g2}, \cdots, p_{gD})^T$，同时，第 i 个粒子将根据以下公式改变速度和位置：

$$v_{id}^{k+1} = w v_{id}^k + c_1 r_1 (p_{id}^k - x_{id}^k) + c_2 r_2 (p_{gd}^k - x_{id}^k) \tag{4.20}$$

$$x_{id}^{k+1} = x_{id}^k + v_{id}^{k+1} \tag{4.21}$$

式中：w 为惯性权重；c_1、c_2 为加速常数；r_1、r_2 为 $0 \sim 1$ 之间的随机数。

4.3.1.2　混沌原理

混沌是一种普遍存在于非线性系统里的随机现象，因其具有随机性、遍历性及规律性等特点，已被普遍应用于局部寻优领域。本书使用的混沌映射 Logistic 的迭代方程如下式所示[162]：

$$Z_{n+1} = 4 Z_n (1 - Z_n) \qquad 0 \leqslant Z_0 \leqslant 1 \tag{4.22}$$

式中：Z_n 为混沌变量，$n = 0, 1, 2, \cdots$；Z_0 为初始值。

根据混沌原理，按下式添加混沌扰动：

$$Z_k' = (1 - \alpha^k) Z^* + \alpha^k Z_k \tag{4.23}$$

$$\alpha^k = 1 - \left(\frac{k-1}{k} \right)^n \tag{4.24}$$

式中：Z_k' 为添加混沌扰动后的混沌向量；Z_k 为 k 次迭代后的混沌向量；Z^* 为当前条件下最优解映射到区间 $[0, 1]$ 之后所形成的混沌向量；α^k 为收缩因子。

4.3.1.3　高斯优化原理

高斯优化是通过引入高斯函数的惩罚系数对每次进化后的粒子轨迹进行调整，其基本思想是[163]：加入高斯函数对粒子轨迹重新寻优，对于仍然能够保持部分或较大寻优能力的粒子进行较小的轨迹调整，而对于基本已停止寻优的粒子进行较大的轨迹调整，具体轨迹调整方式如下式所示：

$$x_{id}^{k+1} = x_{id}^k + v_{id}^{k+1} h_{id}^{k+1} \tag{4.25}$$

$$h_{id}^{k+1} = \exp\left[-\frac{(p_{gd}^k - x_{id}^k)^2}{2 \sigma_k^2} \right] \tag{4.26}$$

$$\sigma_k^2 = \sigma_0^2 \exp(-k/r) \tag{4.27}$$

式中：h_{id}^{k+1} 为高斯函数。

4.3.2　高斯优化混沌粒子群算法（GCPSO）模型求解研究

在区域水资源多目标均衡调度系统中，由于系统内各水利工程（主要指水库）在各时段出库流量是一个随机的变量，且区域水资源系统复杂多变，随着调度模型的多次模拟，各项水利工程的具体调度策略也呈现出多维不确定性，因此本书选用 GCPSO 算法对区域水资源多目标均衡调度模型进行优化求解。GCPSO 算法求解步骤具体如下：

步骤 1：算法初始化，设定粒子群规模 n 和调度模型的相关参数，即惯性权重 w、加速常数 c_1 和 c_2，以及设定的迭代次数上限。

步骤 2：计算每个粒子的适应度函数值。

步骤 3：如果当前粒子的适应度函数值优于个体极值，则将个体极值设置成当前粒子的适应度函数值。若当前粒子的适应度函数值优于全局极值，则将全局极值设置成当前粒子的适应度函数值。

步骤 4：对粒子群是否陷入早熟收敛进行判断，判断标志为粒子群严重聚集或者在多次迭代后未发生明显的变化。

步骤 5：按照式（4.22）～式（4.24）对粒子群进行混沌优化，并转至步骤 3。

步骤 6：按照式（4.25）～式（4.27）进行高斯优化，并计算高斯优化后的个体极值与全局极值，同时进行数据更新。

步骤 7：判断迭代次数是否已达到最大次数，若仍未达到，则转向步骤 4，否则输出最优解，即为区域水资源多目标均衡调度模型的最优解。

4.4 本章小结

本章深入探讨了区域水资源多目标均衡调度模型的构建与求解，将已形成的水资源宏观配置方案作为调度模型的硬约束，通过两者的耦合，将水资源从宏观的规划层面向微观的运行管理层面过渡，真正实现水资源的合理利用。主要包括以下 4 个方面内容：

（1）从目标函数、约束条件及时间序列三方面系统探讨水资源配置与调度的耦合过程，将配置模型输出中各计算分区内水利工程的合理供水范围与各水源合理供水量、各用水户供水量作为调度模型的用水边界条件，同时根据受水区生活、生产和生态需水的时间分布特征，将配置方案所得月数据预先处理成调度模型所需的旬数据。

（2）厘清建模思路，明确调度规则，对基于宏观配置方案的水资源调度模型进行模拟，并在以上耦合技术分析的基础上，明确其决策变量、目标函数及约束条件的数学表达。

（3）研究高斯优化混沌粒子群算法（GCPSO）的基本原理，并对区域水资源多目标均衡调度模型进行求解。

第 5 章

区域水资源多目标均衡调度效果评价

本章作为区域水资源多目标均衡调度的反馈模块,对基于宏观配置规划的区域水资源多目标均衡调度方案进行效果评价。在明确区域水资源多目标均衡调度评价所需遵循的一系列原则基础上,对调度效果评价方法进行科学选取;同时,基于水生态足迹理论,从水资源利用角度出发,建立面向水生态可持续发展的区域水资源多目标均衡调度效果评价模型[164]。

5.1 效果评价原则

立足于区域水资源可持续发展的阶段性、层次性及区域性的客观实际,同时确保社会、经济与生态环境发展的协调性,区域水资源多目标均衡调度效果评价模型应根据区域水资源禀赋、社会经济发展水平及区域科技文化背景,着重考虑以下原则后进行构建[116]。

1. 科学性原则

评价模型从方法选取到指标筛选,都应遵循科学性原则,方法需符合区域实际需求,便于研究客观事实,指标均要有一定科学内涵,且概念明晰。

2. 可操作性原则

评价模型的各指标值均要能从现有资料及所掌握的信息中获取,即要有可测性,易于量化。部分指标由于缺乏实际条件不易测得,也应易于通过抽样调查或典型调查等形式从有关部门处获得。

3. 独立性原则

评价模型各目标及指标都应相互独立,不存在相互重叠的信息。若指标初选过程中存在信息交叉的情况,应通过某些统计学分析方法进行筛选,剔除冗余指标。

4. 各利益主体共存原则

评价模型的构建应统筹考虑区域社会经济发展、生态环境保护、水资源可持续利用及水资源高效利用等多方利益主体，在兼顾公平的前提下促进区域社会、经济、生态的和谐可持续发展。

5.2　效果评价方法的选取

区域水资源多目标均衡调度效果评价对于衡量区域水资源多目标均衡调度方案的合理性及有效性有着重要的指导意义。近年来，区域水资源供需矛盾日益突出，水资源在各利益主体之间如何实现分配效益的最大化，也是当前水生态文明城市建设背景下水资源调配研究的重点内容。结合 1.2.3 小节内容进行分析，国内外现有的水资源调度效果评价方法均是在建立评价指标体系的基础上，通过对各指标划分评价等级或标准，再选取一定的评价模型最终得出该评价指标体系的最优解，作为调度效果评价结果。该类评价方法存在以下几方面不足：

（1）评价指标体系未必能全面、客观反映区域社会、经济及生态环境多方利益。同时，针对不同区域，指标体系会因指标选取不同而有所差异，从而造成工作量的加大。

（2）评价等级或标准的确定存在争议，定性指标评价标准往往受评价人或专家等的主观因素影响较大，部分定量指标评价值的上下限也没有明确的标准，且确定评价指标等级或标准的工作量较大。

（3）对评价指标值的计算，仅考虑了区域水资源调度方案中明确分给各用水户的水量，即有台账记录的水资源量，而对于未入台账的"虚拟水"并未计算在内。换句话说，仅在区域水资源调度方案中水资源量的出口处进行评价，并未对水资源量的去向进行合理评价。

因此，本书从水资源利用角度出发，基于水生态足迹理论，对区域过去若干年及实施水资源多目标均衡调度方案后规划水平年的水资源利用进行系统模拟，在明确区域水生态足迹动态演变规律的基础上，对区域水资源多目标均衡调度后水生态可持续性进行评价。

5.3　水生态足迹理论

生态足迹（ecological footprint，EF）是用于衡量自然资源可持续利用的一种新概念，于 20 世纪 90 年代由 William Rees 首次提出[165]，并经 Wackernagel 补充及完善[166-167]。水生态足迹（water ecological footprint，WEF）的概念衍生于此，通过将人类活动所消耗的水资源转化成等价的水域生态生产面积来衡量其水资源的可持续发展性，以水资源为出发点，估算流域或区域的水资源代谢强度。纵观现有水生态足迹研究成果，学者大多数集中于水生态足迹核算及其方式的改进，鲜有从水生态足迹角度出发模拟区域水生态可持续性的深入研究；同时，现有研究成果只着眼于水生态足迹本身，尚未对水生态足迹与社会、经济、生态环境等系统的耦合协调性进行研究，缺少从水生态足迹角度对区域水资源调度效果的评价。

5.3.1 水生态足迹核算

水生态足迹是指在一定的人口和经济规模条件下，维持水资源消费和自然环境进化所必需的水资源用地面积[168]，由三部分组成：水产品（渔业）生态足迹、淡水生态足迹和水污染生态足迹[169]。其中，水产品（渔业）生态足迹用水指持续供给人类消耗的水产品所需用水过程，淡水生态足迹用水主要包括生活、农业、工业及河道外生态用水过程，水污染生态足迹用水主要指消纳人类生活生产过程中所产生的超过水体承载力的污染物（如 COD、$NH_3 - N$ 等）所需用水过程。值得注意的是，本书在接下来的模型计算中，将水产品（渔业）生态足迹涵盖在淡水生态足迹的生产用水生态足迹中。因此，可从水量及水质两方面来定量计算水生态足迹时间序列。

水生态足迹核算模型可用下式表示：

$$WEF = WEF_{wr} + WEF_{wp} \tag{5.1}$$

式中：WEF 为水生态足迹，hm^2；WEF_{wr}、WEF_{wp} 分别为淡水生态足迹和水污染生态足迹，hm^2。

淡水生态足迹又可用下式表示：

$$WEF_{wr} = N \times ef_{wr} = \overline{\phi_{wr}} \times U_{wr} / P_{wr} \tag{5.2}$$

$$U_{wr} = U_{wr}^{dw} + U_{wr}^{aw} + U_{wr}^{iw} + U_{wr}^{orew} \tag{5.3}$$

式中：N 为区域总人口，人；ef_{wr} 为区域内人均淡水生态足迹，$hm^2/$人；$\overline{\phi_{wr}}$ 为全球水资源均衡因子（global water equivalence factor），采用参考文献[170]结果，取 $\overline{\phi_{wr}} = 1$；U_{wr} 为区域水资源利用量，m^3；U_{wr}^{dw}、U_{wr}^{aw}、U_{wr}^{iw}、U_{wr}^{orew} 分别为区域生活用水量、农业用水量、工业及三产用水量及河道外生态环境用水量，m^3；P_{wr} 为全球水资源平均生产能力，取 $3140\ m^3/\ hm^2$ [171]。

引入水质污染物中最具代表性的 COD 及 $NH_3 - N$ 排放量来衡量污染物浓度对水质生态的影响，则水污染生态足迹可用下式表示：

$$WEF_{wp} = WEF_{wp}^{COD} + WEF_{wp}^{NH_3\text{-}N}$$
$$= \overline{\phi_{wr}} \times \left(\frac{U_{COD}}{P_{COD}} + \frac{U_{NH_3\text{-}N}}{P_{NH_3\text{-}N}} \right) \tag{5.4}$$

式中：WEF_{wp}^{COD}、$WEF_{wp}^{NH_3\text{-}N}$ 分别为 COD 和 $NH_3 - N$ 水生态足迹，hm^2；U_{COD} 和 $U_{NH_3\text{-}N}$ 分别为水域内 COD、$NH_3 - N$ 的排放量，t；P_{COD} 和 $P_{NH_3\text{-}N}$ 分别为单位面

积水域对 COD 及 NH$_3$ - N 的吸纳能力，根据《地表水环境质量标准》（GB 3838—2002），Ⅲ类水质中 COD、NH$_3$ - N 的质量浓度分别不能超过 20mg/L、1mg/L[172]，由此计算出单位面积水域对 COD、NH$_3$ - N 的吸纳能力分别为 0.0629t/hm^2、0.0031t/hm^2。

5.3.2 水生态承载力核算

水生态承载力（water ecological capacity，WEC）指在某一段时间内，为维持某区域社会、经济和生态环境可持续发展而能够提供的最大水资源供给量所占用的土地面积[171]。以往研究表明，必须留有 60% 的水资源量用于维持生态环境本身发展和生物多样性，水生态承载力可用下式表示：

$$WEC = N \times ef_{wec} = (1 - 0.4) \times \overline{\phi_{wr}} \times \varphi \times Q/P_{wr} \tag{5.5}$$

$$\varphi = P/P_{wr} \tag{5.6}$$

式中：WEC 为水生态承载力，hm^2；ef_{wec} 为人均水生态承载力，hm^2/人；φ 为区域水资源产量因子（regional water production factor）；P 为区域产水模数；Q 为区域水资源总量，m^3。

5.4 效果评价模型

可持续性是一种基于"社会—经济—生态环境"复杂系统之上的持久状态[173-174]，而水资源作为水生态可持续性的主体，不仅为其提供基础支撑，也与该系统形成了相互作用、相互制约的耦合关系。因此，本书将水资源系统加入其中，构建"水资源—社会—经济—生态环境"可持续性评价模型，通过各子系统相关指标定量计算该复杂系统的耦合指数及耦合协调指数，以期反映各子系统之间协调发展的同步性及区域的综合发展水平，进一步明确区域水资源多目标均衡调度后的水生态可持续发展性。

为研究水生态足迹与水资源、社会、经济、生态环境之间的互馈机制，本书分别选取 4 个指标来代表水生态足迹-水资源可持续性指数（Sustainability Index of Water Ecological Footprint - Water Resource，SI_{wef-wr}）、水生态足迹-社会可持续利用指数（Sustainability Index of Water Ecological Footprint - Society，$SI_{wef-soc}$）、水生态足迹-经济可持续利用指数（Sustainability Index of Water Ecological Footprint - Economy，$SI_{wef-eco}$）及水生态足迹-生态环境可持续利用指数（Sustainability Index of Water Ecological Footprint - Ecological Environment，SI_{wef-ee}）。各指标可分别用式（5.7）～式（5.10）表示，值得注意的是，该 4 项指数计算标准不一，应对其进行归一化处理。

$$SI_{wef-wr} = WEF/WEC \tag{5.7}$$

$$SI_{wef-soc}=WEF/N \tag{5.8}$$

$$SI_{wef-eco}=WEF/GDP \tag{5.9}$$

$$SI_{wef-ee}=WEF_{wp}/WEF \tag{5.10}$$

水生态可持续性耦合指数描述的是水生态足迹与"水资源—社会—经济—生态环境"这一复杂系统中各个子系统之间的相互作用,而水生态可持续性耦合协调指数反映的是该复杂系统内部各个子系统之间的彼此协调发展水平,这两个指标分别从互动性与协调性两方面来揭示区域水生态可持续利用程度。当指标值呈上升趋势时,表明区域"水资源—社会—经济—生态环境"这一复杂系统的内部互动性与协调性在不断增强,水资源供给程度能够满足区域社会、经济和生态环境发展需求,有利于区域的和谐稳定发展;同时,本书将区域中、远期耦合指数、耦合协调指数与区域近几年及现状指数进行对比,可进一步评价区域在实施多目标均衡调度方案后的水生态可持续性效果。借鉴物理学中的容量耦合系数模型[22],可以得到本书中水生态可持续性耦合指数 GIWES(Coupling Index of Water Ecological Sustainability)及耦合协调指数 CCIWES(Coupling Coordinative Index of Water Ecological Sustainability)的计算公式为

$$CIWES=1-\left[\frac{SI_{wef-wr}\times SI_{wef-soc}\times SI_{wef-eco}\times SI_{wef-ee}}{(SI_{wef-wr}+SI_{wef-soc}+SI_{wef-eco}+SI_{wef-ee})^4}\right]^{1/4} \tag{5.11}$$

$$CCIWES=\sqrt{CIWES\times T} \tag{5.12}$$

$$T=\alpha\times SI_{wef-wr}+\beta\times SI_{wef-soc}+\chi\times SI_{wef-eco}+\delta\times SI_{wef-ee} \tag{5.13}$$

式中:T 为区域四大子系统综合调和指数;α、β、χ 及 δ 分别为各子系统的权重,可通过客观赋权的方式进行确定。

5.5 本章小结

本章着重对区域水资源多目标均衡调度方案展开效果评价研究,主要包括以下4个方面内容:

(1) 从科学性、可操作性、独立性、各利益主体共存等4个方面,明确区域水资源多目标均衡调度效果评价应遵循的原则。

(2) 分析国内外现有调度效果评价方法的各种弊端,提出基于水资源利用的区域水资源多目标均衡调度效果评价方法。

(3) 系统介绍水生态足迹理论,概化水生态足迹核算模型及水生态承载力核算模型。

(4) 构建"水资源—社会—经济—生态环境"这一复杂系统的区域水资源多目标均衡调度效果评价模型,通过各子系统相关指标,定量计算该复杂系统的耦合指数及耦合协调指数,从而明确水资源调度后水生态的可持续发展性。

第 6 章

应 用 研 究

6.1 济南市概况

6.1.1 地理位置与行政区划

济南市是山东省省会，位于山东省中部，地理位置介于东经 116°11′~117°44′、北纬 36°01′~37°32′，南与泰山毗邻，北与黄河相依，四周与德州、滨州、淄博、莱芜、泰安、聊城等地市相邻，连接京津（北京、天津）和沪宁（上海、南京）两大都市圈，腹靠广阔的中西部大市场（河南、河北、山西、陕西、甘肃等）。

济南市是山东省政治、经济、文化中心和交通枢纽，是历史文化名城，因泉水众多，被誉为"泉城"。2014 年，济南市市辖历下区、市中区、槐荫区、天桥区、历城区、长清区、章丘区（2016 年撤市设区）、平阴县、济阳区（2018 撤县设区）、商河县，全市总面积为 8177 km²。需要说明的是，本书所述现状年指 2014 年，因此本书中涉及的现状年各行政分区分析仅包括 8 区 2 县，而莱芜区、钢城区为 2019 年才由原来的莱芜市转为济南市管辖，因此本书中未对莱芜区、钢城区开展分析工作。

6.1.2 水文气象

济南市地处中纬度，属于暖温带半湿润大陆性季风气候，季风气候很是明显。冬季受西伯利亚干冷气团的侵扰，盛行西北、北和东北风，天气晴冷，降水稀少；夏季因受热带和亚热带气团控制，盛行西南、南和东南风，大气湿热，降水集中；春秋两季是过渡季节，风向多变，春季多西南、偏南风。全市多年平均气温为 14.30℃，极端最高气温为 43.7℃，极端最低气温为 −24.5℃。就区域而论，南部气温高，北部气温低（商河县年均气温最低），无霜期为 190~215d。

济南市多年平均年降水量为 648.0mm，降水空间分布不均，总的分布趋势是由东南往西北递减。南部中低山区年均降水量为 700.0～750.0mm，中部丘陵山区年均降水量为 600.0～700.0mm，北部平原区年均降水量为 550.0～600.0mm。降水年际间变化大，各地年降水量极值比为 2.8～4.8，年降水量变差系数为 0.26～0.32。因受季风影响，季节之间的降水量极不均匀。汛期降水集中，多年平均汛期降水量为 419～568mm，汛期 4 个月的降水量占全年降水量的 71.9%～76.7%。济南市多年平均水面蒸发量为 1525.6mm，平均水面蒸发量大于降水量，相对差值呈现由东南向西北的递增趋势，干旱指数为 2 左右，无霜期为 190～218d，多年日照时数为 2620～2690h。

6.1.3　河流水系

济南市河流分属黄河流域、海河流域和小清河水系，一级支流中仅浪溪河、东西泺河和绣江河为常年性河流，其余皆为季节性河流。

入黄水系走向为由东南向西北，分布在历城区、长清区和平阴县。黄河干流从平阴县东阿镇进入济南市境内，逶迤东北，流经平阴、长清、城区北郊、历城区，至章丘区黄河乡常家庄出境。流经长度为 172.9km，其支流均从右岸汇入，自西向东主要有浪溪河、玉带河、南大沙河、北大沙河、玉符河、汇河、兴济河与腊山分洪道等。

海河流域河流主要是徒骇河、德惠新河及各自支流。其中，徒骇河自济阳区太平乡入济南市境内，东北流于商河县展家乡出境，境内长 64km，流域面积为 1418.22km²，其主要支流有六六河、齐济河、牧马河、大寺河、芦兰河、土马河及沙河。德惠新河于济南市境内干流，自商河县怀仁镇三皇庙西沿临邑、商河县界东北流，到临商河西入商河县境，于奎台乡坡李家东又沿乐（陵）商（河）县界东北流至韩庙乡买虎站东出境，境内长 21km，流域面积为 846.9km²，是商河县主要的排涝干流，其主要支流有临商河、商中河、改碱河和商东河。

小清河水系位于济南市北部，右岸各支流位于济南市中东部，河流走向由西南向东北，分布在市区、历城区东北部和章丘境内，济南泉群位于该流域。小清河主干源于济南市西郊睦里庄，至城区北部有济南泉水汇入，流经淄博、滨州，至寿光市入海，全长 237km，流域面积为 10336km²，在济南市境内长度为 70.3km，汇流面积为 2792km²，其中山地丘陵占 54.7%。小清河主要支流有巨野河、绣江河、漯河等。

6.1.4　社会经济

济南历史悠久，是黄河中下游和环渤海经济带南翼的重要战略城市，也是国家批准的沿海开放城市和 15 个副省级城市之一。2014 年，全市总人口为 706.7 万人，其中城镇人口为 387.7 万人，农村人口为 319 万人，城镇化率为

54.86%。全市全年实现地区生产总值（GDP）5770.6亿元，其中三产分别完成增加值为299.1亿元、2215.2亿元和3256.3亿元。全市农业有效灌溉面积为382.4万亩，包括357.1万亩的农田有效灌溉面积和25.3万亩的林地有效灌溉面积，农田有效灌溉面积中，包括水田6.3万亩、水浇地233.6万亩、菜田117.2万亩。现状年济南市各区（县）主要社会经济发展指标统计情况见表6.1。

表 6.1　　　　2014 年济南市各区（县）主要社会经济发展指标统计情况

行政分区	总人口/万人	城镇化率/%	GDP/亿元	工业增加值/亿元	农业有效灌溉面积/万亩
城五区	388.4	74.07	4051.7	1285.7	57.6
长清区	60.0	44.67	251.0	105.2	40.7
章丘区	102.0	31.37	833.9	502.6	87.3
平阴县	37.4	28.07	214.7	122.1	34.0
济阳区	56.1	18.36	259.6	138.4	97.1
商河县	62.8	33.60	159.7	61.2	65.7
合计	**706.7**	**54.86**	**5770.6**	**2215.2**	**382.4**

注　表中"城五区"包括历下区、市中区、槐荫区、天桥区、历城区，下同。

6.1.5　水资源开发利用程度

水资源开发利用程度一般用水资源开发利用率、地表水开发率和地下水开采率表示。济南市现状年水资源开发利用率为63.6%，其中地表水开发率为39.2%、地下水开采率为52.8%。由此可以看出，济南市水资源尚有一定的开发利用潜力，但考虑到水生态文明城市建设要求，以及济南市应急水源和战略储备水源的建设等，未来进一步大规模开发利用水资源的潜力不大。值得说明的是，商河县地表水开发率达到154.7%，未来要进一步优化用水结构，避免地表水过度开发。

现状下垫面条件下，济南市人均水资源量为245.1m³，远低于国际公认的人均水资源量标准，属于严重缺水地区。尽管其开发利用率仅为63.6%，但根据缺水类型的划分标准，济南市总体上仍属于资源型缺水区域，仅局部区域呈现出工程型或污染型缺水特征。因此，未来解决济南市的缺水问题，除了要大力发展节水型社会（包括节水型农业、节水型工业和节水型城市）外，尚需加大污水处理力度，同时兼顾再生水利用及产业结构调整等措施，并进一步新建或续建外调水工程。

6.1.6　主要问题识别

根据上述分析，济南市水资源利用存在的问题可总结为以下几方面：

（1）水源分布与城市发展空间布局不协调。目前，济南市需水量大户主要集中分布在主城区和东部地区，而与需水量分布不相适宜的是其供水水源主要分布在南部、西部和北部区域，供需在空间上极度不协调。现状中心城区发展还集中在二环路以内，随着东、西部地区以及长清城区的发展，东、西部需水量将会大幅增加，水源地分布和城市发展空间布局不协调将成为城区水资源供需矛盾的重要影响因素。

（2）供水与保泉的矛盾依然存在。济南素以"泉城"闻名天下，为保持城区泉水的常年喷涌必须限制地下水的开采量，为此停止了城区地下水源地和自备井地下水的开采，在一定程度上限制了济南市城区地下水的供水能力，可见保泉与供水的矛盾较为突出。在社会经济发展新形势下，通过实施最严格水资源管理制度，遵循用水总量控制的原则来促进济南市供水与保泉的协调，已显得十分迫切。

（3）用水浪费现象依然存在，节水型社会建设仍需进一步推进。虽然济南市整体用水水平在山东省已处于前列，但用水浪费现象依然存在。现状城区部分水厂设施陈旧，供水管道管材多样化，且 20 年以上老旧管网占 25％以上，供水产销差高达 26％，管网漏损率则高达 16％。大力推进节水型社会建设是提高节水意识和节水能力的最佳途径，需要全社会力量的共同参与。

（4）水资源配置格局及优水优用有待进一步调整和优化。济南市供水水源多样化、水源地众多，但现状供水水源比较单一，城区水源仅以黄河水为主，且南部地表水利用量较少，工业企业再生水利用量较少，多水源间缺少互备互调。虽然东联供水工程一期已经投入运行，但尚未完全替换东部地区企业自备井水源，优质地下水仍有部分用于工业生产，部分居民生活用水却以黄河水为主，尚未实现整个市区的优水优用。随着济南市原水与净水管网工程的逐步实施，基本可实现水源互联互通和城乡供水一体化。但从管理角度，还缺乏全市统一的水资源监控与统一调度系统。此外，应对城市供水突发事件的能力明显不足，随着济南市现代化进程的不断加快，水资源供需矛盾日益突出，城市应急水源和战略储备水源建设明显滞后，不利于济南市安全供水保障体系建设。

总之，济南市境内各种水源的性质、保证率、水质各不相同，迫切需要实施用水总量控制，通过对当地地表水、地下水、黄河水、长江水及再生水的统一调配，实现分质供水，做到优水优用，提高水资源的整体利用效率。

6.2 济南市水量宏观总控配置研究

6.2.1 重点水库入流趋势分析及预测

选取与济南市供水有直接关系的 9 座重要水库进行入流趋势分析及预测，

主要包括卧虎山水库、锦绣川水库、石店水库、崮头水库、狼猫山水库、杜张水库、垛庄水库、大站水库和杏林水库。

6.2.1.1 水库入流趋势分析

取显著性水平为 0.05（即置信度为 95%），根据各水库初始蓄水时间不同，选取不同起始时间的入库径流系列（即初始蓄水时间至 2014 年），根据前述探讨的 M-K 秩次检验法，得到 9 座重要水库的入流趋势情况，如图 6.1 所示。

1. 水库入流趋势分析

由图 6-1 M-K 检验曲线可知，位于黄河流域的卧虎山水库、锦绣川水库、石店水库及崮头水库入流变化趋势基本一致，在 1966—1973 年变化较为剧烈，且呈下降趋势；整体上，1962—1965 年期间 $UF_k>0$，说明这 4 座水库入流基本呈上升趋势，除此之外其他时间段 $UF_k<0$，说明水库入流基本趋于稳定状态且

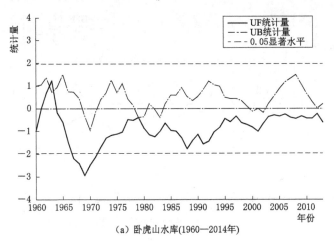

（a）卧虎山水库(1960—2014年)

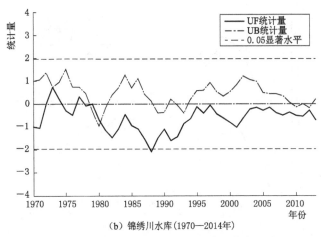

（b）锦绣川水库(1970—2014年)

图 6.1（一） 重点水库年入库径流 M-K 检验曲线（1956—2014 年）

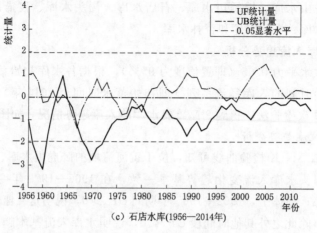

（c）石店水库(1956—2014年)

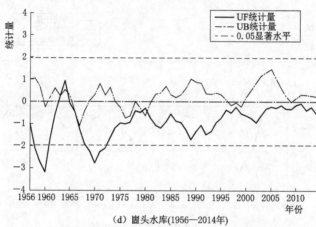

（d）崮头水库(1956—2014年)

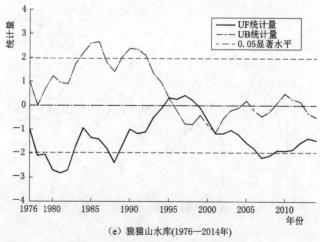

（e）狼猫山水库(1976—2014年)

图 6.1（二） 重点水库年入库径流 M－K 检验曲线（1956—2014 年）

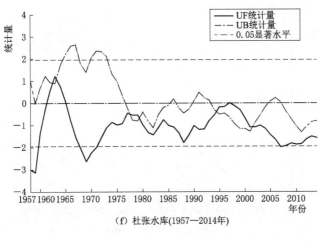

（f）杜张水库(1957—2014年)

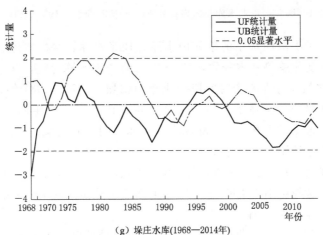

（g）垛庄水库(1968—2014年)

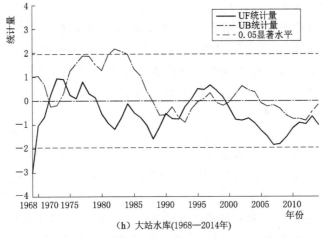

（h）大站水库(1968—2014年)

图 6.1（三）　重点水库年入库径流 M-K 检验曲线（1956—2014 年）

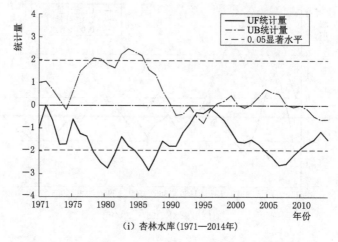

(i) 杏林水库(1971—2014年)

图 6.1（四）　重点水库年入库径流 M-K 检验曲线（1956—2014 年）

略有减少。位于小清河水系的狼猫山水库、杜张水库、垛庄水库、大站水库及杏林水库入流变化趋势基本一致，1970 年之前径流不够稳定，基本处于下降状态；1970 年之后，存在两个时间段变化较为剧烈：1977—1984 年、1987—1990年，且呈下降趋势；整体上，1972—1979 年、1994—1999 年期间 $UF_k>0$，说明这 5 座水库入流呈上升趋势，除此之外其他时间段 $UF_k<0$，说明水库入流基本趋于稳定状态且略有减少。比较分析黄河流域与小清河水系各水库入流趋势，可以看出整体上变化一致，除 1962—1965 年入流上升外，其余年份均呈现不同程度的下降，这与济南市 1962—1965 年期间降水量颇丰有很大关系。

2. 水库入流突变分析

由图 6-1M-K 检验曲线可知，位于黄河流域的卧虎山水库、锦绣川水库、石店水库及崮头水库入流存在 1964 年和 1980 年两个突变点。位于小清河水系的狼猫山水库、杜张水库、垛庄水库、大站水库及杏林水库入流突变点有所差异，狼猫山水库在 1995 年及 2001 年入流存在突变，杜张水库在 1964 年、1980 年、1995 年及 2001 年入流存在突变，垛庄水库及大站水库在 1973 年、1990 年及 2000 年入流存在突变，杏林水库仅在 1995 年入流有突变。

6.2.1.2　水库入流预测

采用 3 种单一预测方法（GA-BP、GRNN、SVM）对济南市 9 座重点水库入流分别进行预测，再在集成模式下，对入流进行集成预测。下面以卧虎山水库入流预测为例，通过计算来分析集成预测相对于单一预测的优越性及适用性。

卧虎山水库于 1960 年初建成并开始蓄水，以 1960—2014 年长系列入流资料为基础，采用时间序列预测模式，以前 5 年水库入流作为自变量（输入），下一年水库入流作为因变量（输出），将长系列入流资料分成 50 组样本对，其中，前 40 组作为训练样本，后 10 组作为检验样本。在 Matlab R2014a 运行环境下，经反复训练，卧虎山水库入流在 3 种单一模型及集成模型下的模拟训练结果如图 6.2 所示，单一模型与集成模型权重计算结果见表 6.2。

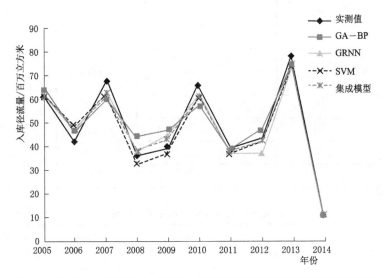

图 6.2　卧虎山水库入流在 3 种单一模型及集成模型下的模拟训练结果

表 6.2　　　　　　　　　　单一模型与集成模型权重计算结果

指标	指标权重	各模型指标值			各指标下各模型权重			集成模型下各模型权重		
		GA－BP	GRNN	SVM	GA－BP	GRNN	SVM	GA－BP	GRNN	SVM
精度（ARE）	0.5500	0.1181	0.0703	0.0725	0.2321	0.3899	0.3780	0.3284	0.3347	0.3369
泛化能力（ψ）	0.4500	5.8013	3.4749	3.7274	0.4461	0.2672	0.2866			

根据各模型各自的预测值及其在集成模型下的权重分配，可计算出卧虎山水库入流在集成模型下的预测值及其精度、泛化能力，见表 6.3。集成模型下预测值与实测值对比如图 6.2 所示。

由表 6.2 及表 6.3 可知，除 GA－BP 模型泛化能力比集成模型高以外，其余两模型均较其低，且集成模型在精度上远高于各单一模型。由此可以看出，本书构建的水库入流预测集成模型较各单一模型在水库入流预测方面更为优越，且适用性较强。因此，本书采用集成模型对济南市 9 座山区水库入流进行预测，结果见表 6.4。

表 6.3   卧虎山水库入流在集成模型下计算结果

年份	实测值/（$10^6 m^3$）	集成模型预测值/（$10^6 m^3$）	集成模型精度	集成模型泛化能力
2005	62.1582	62.5291		
2006	42.4244	46.9242		
2007	69.3255	62.7387		
2008	36.8369	38.4466		
2009	40.3286	43.4686		
2010	66.4086	61.0486	0.0666	4.5152
2011	39.3810	37.2950		
2012	43.4562	42.8327		
2013	78.4014	75.4545		
2014	10.0256	11.5514		

表 6.4   济南市 9 座山区水库入流预测结果   单位：$10^6 m^3$

年份	卧虎山水库	锦绣川水库	石店水库	崮头水库	狼猫山水库	杜张水库	垛庄水库	大站水库	杏林水库
2015	37.8271	18.9183	3.2819	5.2819	5.1929	7.3928	5.8172	23.2918	10.2917
2016	45.2618	22.1813	4.5171	7.2928	7.2918	8.8172	5.2817	22.1819	10.1829
2017	53.1813	27.1938	5.3928	8.2918	8.1927	9.2918	6.8271	25.2817	12.1971
2018	37.2814	19.3817	3.7191	6.2928	4.1927	5.2819	3.2917	13.2981	5.2918
2019	28.1841	14.1822	2.7917	4.2918	4.2917	5.6918	3.1817	12.1981	6.2918
2020	52.2819	27.1831	5.2918	9.2092	7.1927	7.5198	4.2917	17.2918	7.2918
2021	67.2718	33.1837	6.8192	10.2928	6.1927	7.2910	4.2817	16.2918	8.9811
2022	48.2913	24.2841	4.7191	7.2921	10.2816	11.2837	6.9181	25.2918	13.2918
2023	54.2814	27.1938	5.2819	9.0292	11.2917	13.1837	8.3918	33.4817	17.2918
2024	38.1937	19.2837	3.7918	6.2987	8.2917	9.4718	6.9282	25.2918	12.1927
2025	36.1839	18.9819	3.7918	6.2918	7.2038	8.2817	5.3827	22.3918	9.1019
2026	56.2914	28.2837	5.1948	9.2826	10.2927	12.0291	7.3227	29.2817	13.2918
2027	65.2814	32.1938	6.1833	10.2927	7.2917	8.3817	5.1920	22.2617	9.2918
2028	64.2819	31.3911	6.1089	10.2218	8.2917	9.2817	6.0181	25.1971	13.1028
2029	47.1931	24.2942	4.7191	8.2918	6.2918	7.4817	4.3928	18.2917	8.2918
2030	41.9831	20.1982	4.0917	6.7181	5.2918	6.2918	4.2918	17.2918	8.1019

6.2.2　地下水可开采量迭代计算

首先根据济南市水资源调查评价中多年平均地下水资源量相关成果，提炼出地下水补给量各项内容，作为地下水均衡模型的初始输入值，同时作为多水源多目标水资源宏观配置模型地下水可开采量的初始值（W_0）。其次，根据 3.3 节探讨的水资源宏观配置模型概化与模拟，输入模型基本元素、网络连线、河渠系参数、计算单元信息、节点入流、水利工程信息等，并经过多次调整计算使得配置模型在可以正常运转的同时，能够较为真实地反映济南市各个计算分区的实际供用水情况，从而得到第一次宏观配置结果，其中包括第一次宏观配置后的河渠道渗漏补给量、水库渗漏补给量、田间入渗补给量、井灌回归补给量等地下水补给项。值得说明的是，地下水补给项中的多年平均降雨入渗、山前侧渗等数据来自济南市水资源调查评价，并非配置模型。济南市地下水可开采量多重循环迭代过程见表 6.5。

由表 6.5 可以看出，经过 4 层循环迭代，地下水可开采量最终满足事先设定的终止条件（即 $|W_{j+1}-W_j|/W_j \leqslant \varepsilon$，$\varepsilon = 0.01$）。基准年济南市地下水可开采总量为 70820 万 m^3，其中章丘区、城五区地下水可开采量分别为 19430 万 m^3、18380 万 m^3，远高于其他计算分区，占比分别为 27.4%、26.0%；而平阴县地下水可开采量仅为 6790 万 m^3，占比为 9.6%。未来在规划利用水资源时，可结合济南市泉域分布，合理高效地开发利用地下水可利用量较为丰富的区域，同时注意限制超采严重地区的地下水资源量。

6.2.3　水资源宏观配置模型建立与求解

在水资源宏观配置过程中，应以"自然—人工"二元水循环为整体基础，并合理考虑人工侧支水循环中的"供用耗排"过程，采取一系列工程及非工程措施对有限的水资源进行质与量的合理分配，同时注重水资源的高效利用，并减少对生态环境的不利影响，在供需平衡基础上生成多情景下的水资源宏观配置方案，并通过方案比选，择优选出推荐方案，用以指导国民经济健康有序发展。

6.2.3.1　配置系统概化

考虑到行政分区在基础经济社会资料条件和行政管理上的便利，在此次宏观配置计算单元划分上采取行政分区法，同时考虑到历下区、市中区、槐荫区、天桥区、历城区在中心城区功能、水资源条件等方面的一致性，将其合并为城五区作为一个独立计算单元。因此，此次配置系统计算单元可概化成 6 个，分别为城五区、长清区、章丘区、平阴县、济阳区和商河县。

根据济南市现状水资源禀赋条件及规划水利工程建设等情况，最终确定出其水文控制站点、引水汇水节点、排水节点、流域水资源分区控制断面等 22 个，

表6.5　济南市各计算分区地下水可开采量多重循环迭代过程

计算分区	初始输入				初次配置			多重循环迭代						最终结果 /(10⁶m³)	计算分区所占比例 /%
	山丘区补给量 /(10⁶m³)	$\rho_{山丘}$	平原区补给量 /(10⁶m³)	$\rho_{平原}$	一层迭代			二层迭代		三层迭代		四层迭代			
					W_0 /(10⁶m³)	W_1 /(10⁶m³)	$\dfrac{|W_1-W_0|}{W_0}$	W_2 /(10⁶m³)	$\dfrac{|W_2-W_1|}{W_1}$	W_3 /(10⁶m³)	$\dfrac{|W_3-W_2|}{W_2}$	W_4 /(10⁶m³)	$\dfrac{|W_4-W_3|}{W_3}$		
城五区	163.2	0.61	155.6	0.55	185.1	184.4	0.004	184.0	0.002	183.8	0.001	182.3	0.008	183.8	26.0
长清区	113.7	0.61	35.8	0.55	89.0	83.3	0.064	79.0	0.052	76.8	0.028	76.3	0.007	76.8	10.7
章丘区	173.4	0.61	214.5	0.55	223.7	207.4	0.073	198.9	0.041	194.3	0.023	193.3	0.005	194.3	27.4
平阴县	102.4	0.61	18.9	0.55	72.9	70.3	0.035	68.6	0.024	67.9	0.011	67.4	0.007	67.9	9.6
济阳区	0.0	0.61	160.0	0.55	88.0	83.1	0.056	79.4	0.044	78.1	0.017	77.5	0.008	78.1	11.2
商河县	0.0	0.61	214.7	0.55	118.1	113.2	0.041	109.9	0.038	107.3	0.015	106.7	0.006	107.3	15.1
合计	552.7	0.61	799.6	0.55	776.9	741.8	0.045	718.9	0.031	708.2	0.015	703.5	0.007	708.2	100.0

注　$\rho_{山丘}$、$\rho_{平原}$ 分别代表山丘区、平原区地下水开采系数；W_0 代表地下水可开采量初值；W_j 代表经过第 j 次（$j=1, 2, \cdots, n$）宏观配置及均衡计算而得到的地下水可开采量。

其中海河流域 3 个、淮河流域 8 个、黄河流域 11 个；已建和规划水库共计 12 座（除东湖水库规划于 2017 年底前完工外，其余水库均已建成），其中平原区水库 3 座，山丘区水库 9 座；概化成地表水供水渠道 13 条、外调水渠道 15 条（其中包括南水北调济平干渠在济南市的 3 段）、河段 32 条、排水渠道 9 条。

6.2.3.2 水文系列选取与需水方案设置

本书采用 1956—2014 年共计 59 年长系列逐月降雨径流资料，并与《济南市水资源综合规划》的系列资料成果进行对比修正，结果表明：这 59 年数据资料具有良好的丰、平、枯代表性，适用于模型长系列计算分析。同时，未来水库入流采用第 6.2.1 节预测结果进行模拟计算。

本书以 2014 年作为现状基准年，以 2020 年、2030 年分别作为近期规划水平年和远期规划水平年。通过分析和归纳，以社会经济中速稳定发展、强化节水水平为导向，最终提炼出规划水平年需水方案。基准年需水方案为结合近几年社会经济发展水平及节水程度综合而得。农业灌溉受降雨量影响较大，因此根据长系列天然降雨资料分析将农业需水预测分为 50%、75% 及 95% 保证率下的需水量。此次配置以月为配置时段，因此需要将需水预测中各用水户需水量年值根据相关原则分解为月需水过程，具体原则为：①生活、工业、建筑业、三产、林牧渔畜、河道外生态环境等用水需求在年内变化不大，较为稳定，可直接平均到各月；②农田灌溉需水量分配可根据当地农田灌溉制度及现状年各月灌溉用水量比例，将不同保证率下的需水量合理分配到各月；③河道内生态环境逐月需水量可采用 Tennant 法最终确定。

6.2.3.3 水资源宏观配置方案分析

采用 3.3.2 节所构建的多水源多目标水资源宏观配置模型及开发的系统软件通过 1956—2014 年长系列逐月调节计算，并结合地下水可开采量动态迭代计算结果（见 6.3.2 小节），可确定 50%、75% 及 95% 来水条件下基准年及规划水平年河道外水资源供需平衡分析结果，见表 6.6～表 6.8。

由表 6.6 可知，基准年 50% 来水条件下，济南市需水总量与供水总量均为 16.90 亿 m³，能够实现供需平衡。其中，地下水供水量为 6.88 亿 m³，占供水总量的 40.71%；基准年 75% 来水条件下，济南市需水总量为 17.94 亿 m³，供水总量为 17.74 亿 m³，全市缺水率为 1.11%。其中，地下水占供水总量的 36.70%；基准年 95% 来水条件下，济南市需水总量为 18.98 亿 m³，供水总量为 17.99 亿 m³，全市缺水率为 5.22%。其中，地下水供水量占供水总量的 35.52%，可见地下水依旧是济南市的主要水源。在地下水不超采的情况下，全市基本可实现采补平衡，但局部地区缺水仍然较大，其中章丘区缺水最严重。未来随着东联供水二期工程及东湖水库配套设施的完善，将有望将黄河水、长江水通过东联供水工程及东湖水库调蓄工程输送至章丘区，以解决章丘区供水

表 6.6　　基准年河道外水资源供需平衡分析结果

计算分区	P=50%								P=75%								P=95%							
	需水量/(10⁶m³)	供水量/(10⁶m³)					缺水量/(10⁶m³)	缺水率/%	需水量/(10⁶m³)	供水量/(10⁶m³)					缺水量/(10⁶m³)	缺水率/%	需水量/(10⁶m³)	供水量/(10⁶m³)					缺水量/(10⁶m³)	缺水率/%
		地表水	地下水	再生水	外调水	合计				地表水	地下水	再生水	外调水	合计				地表水	地下水	再生水	外调水	合计		
城五区	668	225	166	76	201	668	0	0.00	692	215	162	76	239	692	0	0.00	716	139	158	76	317	690	26	3.63
长清区	125	49	75	1	0	125	0	0.00	133	61	71	1	0	133	0	0.00	141	62	69	1	3	135	6	4.26
章丘区	321	80	194	1	46	321	0	0.00	343	67	188	1	77	333	10	2.92	365	65	186	1	82	334	31	8.49
平阴县	106	38	68	0	0	106	0	0.00	117	38	64	0	15	117	0	0.00	128	35	62	0	25	122	6	4.69
济阳区	283	87	78	2	116	283	0	0.00	310	80	70	2	153	305	5	1.61	337	77	69	2	169	317	20	5.93
商河县	187	40	107	1	39	187	0	0.00	199	35	96	1	62	194	5	2.51	211	32	95	1	72	200	11	5.21
合计	1690	519	688	81	402	1690	0	0.00	1794	496	651	81	546	1774	20	1.11	1898	410	639	81	668	1799	99	5.22

表 6.7　2020 年河道外水资源供需平衡分析结果

计算分区	P=50%								P=75%								P=95%							
	需水量/(10⁶m³)	供水量/(10⁶m³)					缺水量/(10⁶m³)	缺水率/%	需水量/(10⁶m³)	供水量/(10⁶m³)					缺水量/(10⁶m³)	缺水率/%	需水量/(10⁶m³)	供水量/(10⁶m³)					缺水量/(10⁶m³)	缺水率/%
		地表水	地下水	再生水	外调水	合计				地表水	地下水	再生水	外调水	合计				地表水	地下水	再生水	外调水	合计		
城五区	814	195	166	138	315	814	0	0.00	832	215	162	138	317	832	0	0.00	856	205	158	138	317	818	38	4.44
长清区	154	67	75	12	0	154	0	0.00	163	76	71	13	3	163	0	0.00	169	75	69	13	3	160	9	5.33
章丘区	353	79	194	28	52	353	0	0.00	375	75	190	28	82	375	0	0.00	385	74	189	28	82	361	21	5.45
平阴县	121	37	68	7	9	121	0	0.00	134	38	64	7	25	134	0	0.00	142	37	62	7	25	131	11	7.75
济阳区	316	87	78	10	141	316	0	0.00	346	83	74	10	169	336	10	2.89	363	81	72	10	169	356	31	8.54
商河县	212	40	107	9	56	212	0	0.00	224	35	102	9	72	218	6	2.68	232	33	99	9	72	213	19	8.19
合计	1970	505	688	204	573	1970	0	0.00	2074	522	663	205	668	2058	16	0.77	2146	505	649	205	668	2040	106	4.94

表6.8　2030年河道外水资源供需平衡分析结果

计算分区	P=50%									P=75%									P=95%								
	需水量/(10⁶m³)	供水量/(10⁶m³)					缺水量/(10⁶m³)	缺水率/%		需水量/(10⁶m³)	供水量/(10⁶m³)					缺水量/(10⁶m³)	缺水率/%		需水量/(10⁶m³)	供水量/(10⁶m³)					缺水量/(10⁶m³)	缺水率/%	
		地表水	地下水	再生水	外调水	合计					地表水	地下水	再生水	外调水	合计					地表水	地下水	再生水	外调水	合计			
城五区	963	195	166	240	362	963	0	0.00		981	215	162	240	364	981	0	0.00		995	205	158	240	364	967	28	2.81	
长清区	176	67	75	27	7	176	0	0.00		184	76	71	27	10	184	0	0.00		192	75	69	27	13	184	8	4.17	
章丘区	378	79	194	49	56	378	0	0.00		400	75	190	49	86	400	0	0.00		422	74	189	49	105	417	5	1.18	
平阴县	132	37	68	17	0	132	0	0.00		144	38	64	17	25	144	0	0.00		150	37	62	17	25	141	9	6.00	
济阳区	349	87	78	18	166	349	0	0.00		377	83	74	18	189	364	13	3.45		390	81	72	18	189	360	30	7.69	
商河县	241	40	107	34	60	241	0	0.00		253	35	102	34	72	243	10	3.95		260	34	101	34	72	241	19	7.31	
合计	2239	505	688	385	661	2239	0	0.00		2339	522	663	385	746	2316	23	0.98		2409	506	651	385	768	2310	99	4.11	

不足的紧迫局面。

由表 6.7 及表 6.8 可知, 2020 年 50% 来水条件下, 济南市需水总量与供水总量均为 19.70 亿 m^3, 能够实现供需平衡, 其中地下水与外调水供水量分别占供水总量的 34.92%、29.09%; 75% 来水条件下, 济南市缺水率为 0.77%, 其中地下水与外调水供水量分别占供水总量的 32.22%、32.46%; 95% 来水条件下, 济南市缺水率为 4.94%, 其中地下水与外调水供水量分别占供水总量的 32.02%、32.96%。同理分析 2030 年水资源供需平衡情况后可知: 50% 来水条件下, 济南市水资源量能够实现供需平衡; 75% 及 95% 来水条件下, 济南市供水总量为 23.16 亿 m^3, 其中地下水和外调水供水量分别为 6.63 亿 m^3 及 7.46 亿 m^3, 分别占供水总量的 28.63% 及 32.21%; 95% 来水条件下, 供水总量为 23.10 亿 m^3, 其中地下水和外调水供水量分别为 6.51 亿 m^3 及 7.68 亿 m^3, 分别占供水总量的 28.18% 及 33.25%。由此可以看出, 经过宏观总控配置, 济南市水资源利用格局发生了较大变化, 从原来的以地下水供水为主, 变成了规划水平年以外调水供水为主的用水结构。该供水格局的转变, 对济南市现状地下水严重超采的不利局面能够起到实质性扭转作用, 为济南市实施以部分地下水作为应急与战略储备水源的规划提供指导, 能够进一步提高济南市供水安全。同时, 随着济南市供水结构的转变及部分外调水工程、市内河湖连通工程配套设施的完善, 济南市主城区及东部章丘区缺水情况得到了极大的改善。

6.3 济南市水资源多目标均衡调度模型构建与求解

根据以上得到的济南市水资源宏观配置方案, 结合前文 (详见第 4 章) 探讨的区域水资源多目标均衡调度模型构建与求解, 完成济南市水资源多目标均衡调度应用研究。

6.3.1 调度目标分析

济南市水资源多目标均衡调度主要是通过合理调度各类水利工程, 按照约定的调度规则, 着重解决常态条件下济南市供水安全和水生态环境改善等问题。根据济南市各类水源工程布局和供水、水生态环境改善等需求, 紧紧围绕济南市水网建设规划中 "一环绕泉城" 工程, 选取环绕市区的 7 座大中型水库, 即锦绣川水库、卧虎山水库、玉清湖水库、鹊山水库、东湖水库、杜张水库、狼猫山水库, 以及周边区县 5 座重点水源水库, 即杏林水库、大站水库、垛庄水库、石店水库、崮头水库, 共计 12 座水库作为调度工程对象, 通过水库连通工程形成一个发散的环状布局, 以保障济南市区及周边区 (县) 供水, 并兼顾市区主要河流, 即徒骇马颊河、漯河、绣江河、巨野河、玉符河、北大沙河、南大沙河、黄河干流及小清河上游的生态基流，构建基于以上 12 座大中型水库的多目标均衡调度模型，并以已生成的水量宏观总控配置方案相关结果作为调度模型的边界条件，进一步开发集数据库、模型库和人机交互界面为一体的计算平台，制定相应的济南市水资源多目标均衡调度方案。

6.3.2　调度方案设置

济南市水资源多目标均衡调度涉及的水利工程主要包括"一环绕泉城"中的 7 座大中型水库以及周边区（县）5 座重点水源水库，现状年条件下东联供水工程并未完全建成，因此调度工程分两种情景下的两种不同方案进行模拟计算。

1. 东联供水工程完全建成之前（即情景Ⅰ，近期）

(1) 不考虑生态流量。

(2) 考虑生态基流。

2. 东联供水工程完全建成之后（即情景Ⅱ，中远期）

(1) 不考虑生态流量。

(2) 考虑生态基流。

情景Ⅰ的边界条件选用水量宏观总控配置方案下基准年的计算结果，情景Ⅱ选用 2020、2030 年的计算结果。

6.3.3　近期 (2014—2020 年，下同) 水资源多目标均衡调度方案分析

根据调研，济南市现状条件下，东联供水工程并未完全建成，因此近期水资源多目标均衡调度考虑情景Ⅰ。采用 4.2 节所构建的水资源多目标均衡调度模型及 4.3 节介绍的高斯优化混沌粒子群算法（GCPSO）通过 1956—2014 年长系列逐旬调节计算，并在方案Ⅱ中考虑河道内主要控制断面的生态流量，即徒骇马颊河、漯河、绣江河、巨野河、玉符河、北大沙河、南大沙河、黄河干流及小清河上游的生态基流作为水库下游河道的生态需水，可确定近期平水年、偏枯水年及特枯水年来水条件下济南市水资源多目标均衡调度供需平衡分析结果，见表 6.9～表 6.11。不同方案、不同来水条件下各重要水库下泄流量情况如图 6.3～图 6.8 所示。图中生态基流曲线是根据 Tennant 法计算出的各河流应保证的河道内最低生态流量绘制而成，其目的是与不同来水条件下水库下泄流量做对比，从而得出不同方案下河道内生态基流保证率结论。

1. 不同调度方案对河道外社会经济用水的影响分析

由表 6.9～表 6.11 可知，济南市在当前的水库调度模式下，若不考虑河道内生态用水（即方案Ⅰ），多年平均来水条件下，各计算分区均不缺水；偏枯水年除章丘区、济阳区及商河县缺水率分别为 1.86%、0.55% 及 1.23% 外，其余各计算分区均不缺水；特枯水年由于当地地表水及地下水供水量下降，各计算分

表6.9 近期基于情景Ⅰ的济南市河道外水资源供需平衡分析结果（平水年）

方案	计算分区	需水量/(10^6 m³)						供水量/(10^6 m³)					缺水量/(10^6 m³)	缺水率/%
		城镇生活	农村生活	工业及三产	农业	河道外生态	合计	地表水	地下水	再生水	外调水	合计		
方案Ⅰ	城五区	156	32	273	157	50	668	225	166	76	201	668	0	0.00
	长清区	10	9	7	95	4	125	49	75	1	0	125	0	0.00
	章丘区	16	21	48	231	5	321	80	194	1	46	321	0	0.00
	平阴县	4	7	8	84	3	106	38	68	0	0	106	0	0.00
	济阳区	3	14	14	250	2	283	87	78	2	116	283	0	0.00
	商河县	7	12	7	158	3	187	40	107	1	39	187	0	0.00
	合计	196	95	357	975	67	1690	519	688	810	402	1690	0	0.00
方案Ⅱ	城五区	156	32	273	157	50	668	225	166	76	201	668	0	0.00
	长清区	10	9	7	95	4	125	49	75	1	0	125	0	0.00
	章丘区	16	21	48	231	5	321	80	194	1	46	321	0	0.00
	平阴县	4	7	8	84	3	106	38	68	0	0	106	0	0.00
	济阳区	3	14	14	250	2	283	87	78	2	116	283	0	0.00
	商河县	7	12	7	158	3	187	40	107	1	39	187	0	0.00
	合计	196	95	357	975	67	1690	519	688	810	402	1690	0	0.00

表 6.10　近期基于情景Ⅰ的济南市河道外水资源供需平衡分析结果（偏枯水年）

方案	计算分区	需水量/(10^6 m³)						供水量/(10^6 m³)					缺水量/(10^6 m³)	缺水率/%
		城镇生活	农村生活	工业及三产	农业	河道外生态	合计	地表水	地下水	再生水	外调水	合计		
方案Ⅰ	城五区	162	33	283	163	53	693	219	162	76	239	693	0	0.00
	长清区	11	10	8	100	4	132	60	71	1	0	132	0	0.00
	章丘区	17	22	51	238	5	333	55	194	1	77	327	6	1.86
	平阴县	4	8	9	93	3	117	38	64	0	15	117	0	0.00
	济阳区	3	15	15	269	2	305	77	72	2	153	304	2	0.55
	商河县	7	13	7	163	3	193	35	84	1	71	191	2	1.23
	合计	**204**	**101**	**373**	**1026**	**70**	**1774**	**484**	**647**	**81**	**555**	**1762**	**10**	**0.54**
方案Ⅱ	城五区	162	33	283	163	53	693	189	162	76	239	663	30	4.33
	长清区	11	10	8	100	4	132	55	71	1	0	127	5	3.79
	章丘区	17	22	51	238	5	333	55	194	1	77	312	21	6.31
	平阴县	4	8	9	93	3	117	40	64	0	15	113	4	3.42
	济阳区	3	15	15	269	2	305	62	72	2	153	289	17	5.57
	商河县	7	13	7	163	3	193	25	84	1	71	181	12	6.22
	合计	**204**	**101**	**373**	**1026**	**70**	**1774**	**405**	**647**	**81**	**555**	**1683**	**89**	**5.02**

表 6.11　近期基于情景Ⅰ的济南市河道外水资源供需平衡分析结果（特枯水年）

方案	计算分区	需水量/(10⁶ m³)						供水量/(10⁶ m³)					缺水量/(10⁶ m³)	缺水率/%
		城镇生活	农村生活	工业及三产	农业	河道外生态	合计	地表水	地下水	再生水	外调水	合计		
方案Ⅰ	城五区	167	34	293	143	54	691	139	158	76	317	690	1	1.00
	长清区	11	10	8	102	5	135	57	69	1	3	132	3	2.48
	章丘区	18	24	55	232	6	334	67	186	1	67	321	13	3.97
	平阴县	5	8	10	96	4	122	35	62	0	25	121	1	1.10
	济阳区	4	17	17	277	2	317	73	86	2	149	310	7	2.23
	商河县	8	14	8	167	3	200	37	89	1	68	195	5	2.64
	合计	213	107	389	1017	73	1799	408	650	81	629	1768	32	1.77
方案Ⅱ	城五区	167	34	293	143	54	691	95	158	76	317	646	45	6.51
	长清区	11	10	8	102	5	135	52	69	1	3	127	8	5.93
	章丘区	18	24	55	232	6	334	45	186	1	67	299	35	10.48
	平阴县	5	8	10	96	4	122	28	62	0	25	114	8	6.56
	济阳区	4	17	17	277	2	317	47	86	2	149	285	32	10.09
	商河县	8	14	8	167	3	200	21	89	1	68	179	21	10.50
	合计	213	107	389	1017	73	1799	289	650	81	629	1649	151	8.39

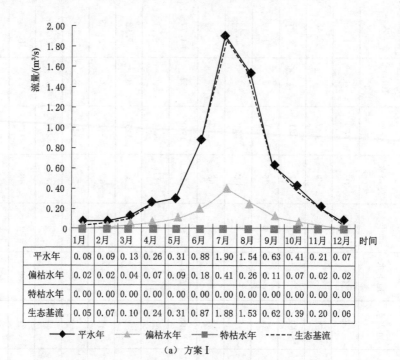

时间	1月	2月	3月	4月	5月	6月	7月	8月	9月	10月	11月	12月
平水年	0.08	0.09	0.13	0.26	0.31	0.88	1.90	1.54	0.63	0.41	0.21	0.07
偏枯水年	0.02	0.02	0.04	0.07	0.09	0.18	0.41	0.26	0.11	0.07	0.02	0.02
特枯水年	0.00	0.00	0.00	0.00	0.00	0.00	0.00	0.00	0.00	0.00	0.00	0.00
生态基流	0.05	0.07	0.10	0.24	0.31	0.87	1.88	1.53	0.62	0.39	0.20	0.06

（a）方案 I

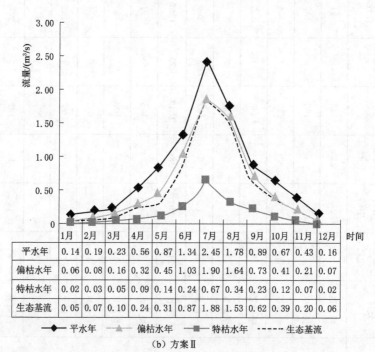

时间	1月	2月	3月	4月	5月	6月	7月	8月	9月	10月	11月	12月
平水年	0.14	0.19	0.23	0.56	0.87	1.34	2.45	1.78	0.89	0.67	0.43	0.16
偏枯水年	0.06	0.08	0.16	0.32	0.45	1.03	1.90	1.64	0.73	0.41	0.21	0.07
特枯水年	0.02	0.03	0.05	0.09	0.14	0.24	0.67	0.34	0.23	0.12	0.07	0.02
生态基流	0.05	0.07	0.10	0.24	0.31	0.87	1.88	1.53	0.62	0.39	0.20	0.06

（b）方案 II

图 6.3　近期杏林水库下泄流量图

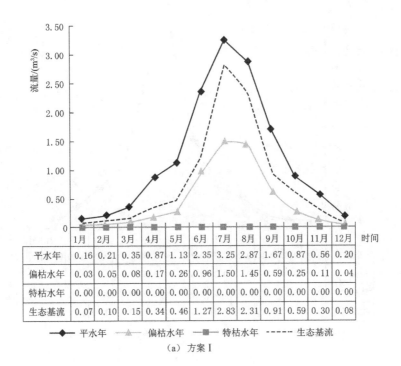

时间	1月	2月	3月	4月	5月	6月	7月	8月	9月	10月	11月	12月
平水年	0.16	0.21	0.35	0.87	1.13	2.35	3.25	2.87	1.67	0.87	0.56	0.20
偏枯水年	0.03	0.05	0.08	0.17	0.26	0.96	1.50	1.45	0.59	0.25	0.11	0.04
特枯水年	0.00	0.00	0.00	0.00	0.00	0.00	0.00	0.00	0.00	0.00	0.00	0.00
生态基流	0.07	0.10	0.15	0.34	0.46	1.27	2.83	2.31	0.91	0.59	0.30	0.08

（a）方案Ⅰ

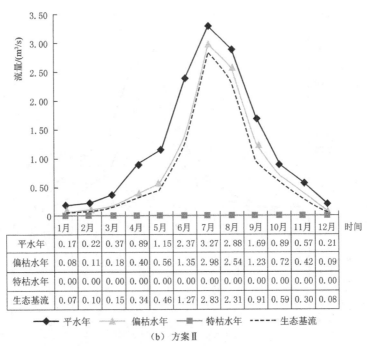

时间	1月	2月	3月	4月	5月	6月	7月	8月	9月	10月	11月	12月
平水年	0.17	0.22	0.37	0.89	1.15	2.37	3.27	2.88	1.69	0.89	0.57	0.21
偏枯水年	0.08	0.11	0.18	0.40	0.56	1.35	2.98	2.54	1.23	0.72	0.42	0.09
特枯水年	0.00	0.00	0.00	0.00	0.00	0.00	0.00	0.00	0.00	0.00	0.00	0.00
生态基流	0.07	0.10	0.15	0.34	0.46	1.27	2.83	2.31	0.91	0.59	0.30	0.08

（b）方案Ⅱ

图 6.4 近期大站水库下泄流量图

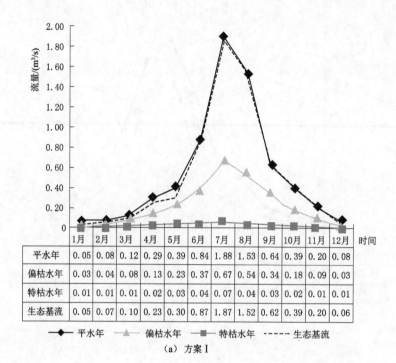

	1月	2月	3月	4月	5月	6月	7月	8月	9月	10月	11月	12月
平水年	0.05	0.08	0.12	0.29	0.39	0.84	1.88	1.53	0.64	0.39	0.20	0.08
偏枯水年	0.03	0.04	0.08	0.13	0.23	0.37	0.67	0.54	0.34	0.18	0.09	0.03
特枯水年	0.01	0.01	0.01	0.02	0.03	0.04	0.07	0.04	0.03	0.02	0.01	0.01
生态基流	0.05	0.07	0.10	0.23	0.30	0.87	1.87	1.52	0.62	0.39	0.20	0.06

（a）方案Ⅰ

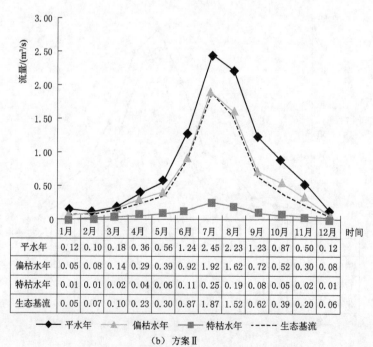

	1月	2月	3月	4月	5月	6月	7月	8月	9月	10月	11月	12月
平水年	0.12	0.10	0.18	0.36	0.56	1.24	2.45	2.23	1.23	0.87	0.50	0.12
偏枯水年	0.05	0.08	0.14	0.29	0.39	0.92	1.92	1.62	0.72	0.52	0.30	0.08
特枯水年	0.01	0.01	0.02	0.04	0.06	0.11	0.25	0.19	0.08	0.05	0.02	0.01
生态基流	0.05	0.07	0.10	0.23	0.30	0.87	1.87	1.52	0.62	0.39	0.20	0.06

（b）方案Ⅱ

图 6.5 近期杜张水库下泄流量图

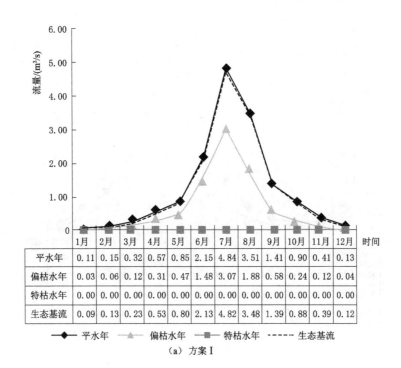

时间	1月	2月	3月	4月	5月	6月	7月	8月	9月	10月	11月	12月
平水年	0.11	0.15	0.32	0.57	0.85	2.15	4.84	3.51	1.41	0.90	0.41	0.13
偏枯水年	0.03	0.06	0.12	0.31	0.47	1.48	3.07	1.88	0.58	0.24	0.12	0.04
特枯水年	0.00	0.00	0.00	0.00	0.00	0.00	0.00	0.00	0.00	0.00	0.00	0.00
生态基流	0.09	0.13	0.23	0.53	0.80	2.13	4.82	3.48	1.39	0.88	0.39	0.12

◆━ 平水年　▲━ 偏枯水年　■━ 特枯水年　---- 生态基流

（a）方案Ⅰ

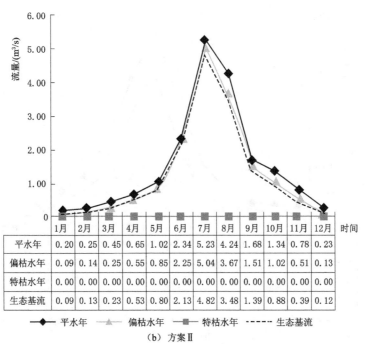

时间	1月	2月	3月	4月	5月	6月	7月	8月	9月	10月	11月	12月
平水年	0.20	0.25	0.45	0.65	1.02	2.34	5.23	4.24	1.68	1.34	0.78	0.23
偏枯水年	0.09	0.14	0.25	0.55	0.85	2.25	5.04	3.67	1.51	1.02	0.51	0.13
特枯水年	0.00	0.00	0.00	0.00	0.00	0.00	0.00	0.00	0.00	0.00	0.00	0.00
生态基流	0.09	0.13	0.23	0.53	0.80	2.13	4.82	3.48	1.39	0.88	0.39	0.12

◆━ 平水年　▲━ 偏枯水年　■━ 特枯水年　---- 生态基流

（b）方案Ⅱ

图 6.6　近期卧虎山水库下泄流量图

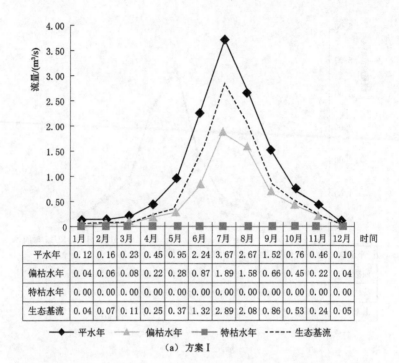

	1月	2月	3月	4月	5月	6月	7月	8月	9月	10月	11月	12月
平水年	0.12	0.16	0.23	0.45	0.95	2.24	3.67	2.67	1.52	0.76	0.46	0.10
偏枯水年	0.04	0.06	0.08	0.22	0.28	0.87	1.89	1.58	0.66	0.45	0.22	0.04
特枯水年	0.00	0.00	0.00	0.00	0.00	0.00	0.00	0.00	0.00	0.00	0.00	0.00
生态基流	0.04	0.07	0.11	0.25	0.37	1.32	2.89	2.08	0.86	0.53	0.24	0.05

(a) 方案 I

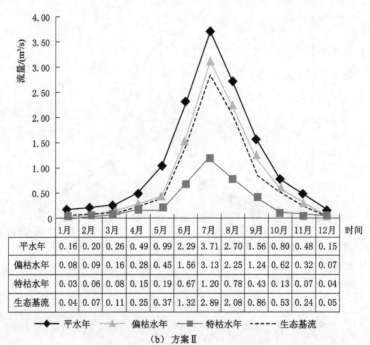

	1月	2月	3月	4月	5月	6月	7月	8月	9月	10月	11月	12月
平水年	0.16	0.20	0.26	0.49	0.99	2.29	3.71	2.70	1.56	0.80	0.48	0.15
偏枯水年	0.08	0.09	0.16	0.28	0.45	1.56	3.13	2.25	1.24	0.62	0.32	0.07
特枯水年	0.03	0.06	0.08	0.15	0.19	0.67	1.20	0.78	0.43	0.13	0.07	0.04
生态基流	0.04	0.07	0.11	0.25	0.37	1.32	2.89	2.08	0.86	0.53	0.24	0.05

(b) 方案 II

图 6.7　近期石店水库下泄流量图

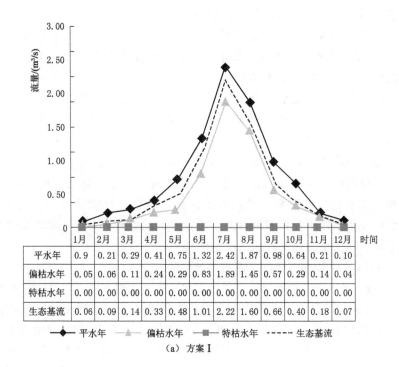

时间	1月	2月	3月	4月	5月	6月	7月	8月	9月	10月	11月	12月
平水年	0.9	0.21	0.29	0.41	0.75	1.32	2.42	1.87	0.98	0.64	0.21	0.10
偏枯水年	0.05	0.06	0.11	0.24	0.29	0.83	1.89	1.45	0.57	0.29	0.14	0.04
特枯水年	0.00	0.00	0.00	0.00	0.00	0.00	0.00	0.00	0.00	0.00	0.00	0.00
生态基流	0.06	0.09	0.14	0.33	0.48	1.01	2.22	1.60	0.66	0.40	0.18	0.07

◆ 平水年　▲ 偏枯水年　■ 特枯水年　---- 生态基流

（a）方案Ⅰ

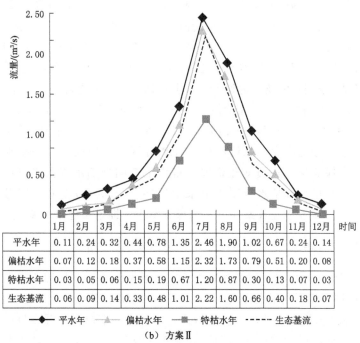

时间	1月	2月	3月	4月	5月	6月	7月	8月	9月	10月	11月	12月
平水年	0.11	0.24	0.32	0.44	0.78	1.35	2.46	1.90	1.02	0.67	0.24	0.14
偏枯水年	0.07	0.12	0.18	0.37	0.58	1.15	2.32	1.73	0.79	0.51	0.20	0.08
特枯水年	0.03	0.05	0.06	0.15	0.19	0.67	1.20	0.87	0.30	0.13	0.07	0.03
生态基流	0.06	0.09	0.14	0.33	0.48	1.01	2.22	1.60	0.66	0.40	0.18	0.07

◆ 平水年　▲ 偏枯水年　■ 特枯水年　---- 生态基流

（b）方案Ⅱ

图 6.8　近期崮头水库下泄流量图

区均呈现出不同程度的缺水现象，其中章丘区缺水率最高，为 3.97%，全市缺水率为 1.77%，可见缺水率均在可控范围内；若考虑河道内生态基流（即方案Ⅱ），则多年平均来水条件下均不缺水；偏枯水年各计算分区均呈现出不同程度的缺水现象，其中章丘区缺水率最高，达到 6.31%，但尚在可控范围内；特枯水年情况更为严重，全市缺水率高达 8.39%，且章丘区、济阳区及商河县缺水率均超过 10%，缺水已造成社会经济用水的严重萎缩。由此可以看出，当来水条件在偏枯水年以下时，是否考虑河道内生态用水对济南市各区县用水没有太大影响，但当来水较少，达到偏枯水年及其以下时，河道内生态用水会在一定程度上挤占城市河道外社会经济用水，该缺水现象在章丘区更为明显，主要原因是东联供水工程尚未完全建成，章丘区在自身非传统水源等不足的情况下，没有足够的外调水源来补充河道内生态用水。因此，未来在生态调度的基础上，应着重考虑东联供水工程对章丘区用水的补充。

2. 不同调度方案对河道内生态用水的影响分析

由图 6.3～图 6.8 可以看出，在不考虑水库生态调度方案下，市区内 6 条主要河流除平水年来水条件下，上游水库下泄流量能够达到相应河流的生态基流标准外，偏枯水年及特枯水年条件均未达到，表明方案Ⅰ下济南市河道内生态用水保证率仅为 50%。其中，在特枯年份下，漯河、绣江河、玉符河、北大沙河及南大沙河上控制性水库（分别为杏林水库、大站水库、卧虎山水库、石店水库及崮头水库）的河道下泄均为 0，说明各水库在供给河道外社会经济用水之余，已无多余水量可剩余。而在考虑水库生态调度情景下，情况有所改善，平水年及偏枯水年来水条件下，各控制性水库河道下泄量均能满足其相应河流的生态基流要求，表明方案Ⅱ下济南市河道内生态用水保证率达到 75%，但特枯水年均不能满足生态基流要求。同时，由图 6.5（b）可以看出，在特枯水年来水条件下，玉符河上卧虎山水库河道下泄量在任何月份均为 0，这与济南市近几年在南部山区实行"回灌补源"有关。

综上所述，考虑水库生态调度后各计算分区河道外社会经济缺水率以及河道内生态用水保证率的正负变化情况，得出推荐的近期水资源多目标均衡调度方案如下：平水年、偏枯水年及以上来水条件下，选择方案Ⅱ，即考虑生态基流；枯水年及特枯水年来水条件下，选择方案Ⅰ，即不考虑生态基流。

6.3.4 中、远期水资源多目标均衡调度方案分析

随着济南市东联供水工程相继建成，中、远期水资源多目标均衡调度考虑情景Ⅱ，章丘区用水将得到很大程度改善。同时，东湖水库输水工程也将投入使用，至此，外调水进入济南市又多了一条新途径。通过济南市水资源多目标均衡调度模型构建与计算，可确定中、远期不同调度方案下，平水年、偏枯水年及特枯水年来水条件的水资源多目标均衡调度供需平衡分析结果，见表 6.12～表 6.17。

表6.12　2020年基于情景II的济南市河道外水资源平衡分析结果（平水年）

方案	计算分区	需水量/($10^6\,\mathrm{m}^3$)						供水量/($10^6\,\mathrm{m}^3$)					缺水量/($10^6\,\mathrm{m}^3$)	缺水率/%
		城镇生活	农村生活	工业及三产	农业	河道外生态	合计	地表水	地下水	再生水	外调水	合计		
方案 I	城五区	212	44	346	124	90	814	195	166	138	315	814	0	0.00
	长清区	15	14	18	93	14	154	67	75	12	0	154	0	0.00
	章丘区	20	27	62	229	14	353	79	194	28	52	353	0	0.00
	平阴县	5	9	10	92	4	121	37	68	7	9	121	0	0.00
	济阳区	4	15	19	274	5	316	87	78	10	141	316	0	0.00
	商河县	8	13	9	174	7	212	40	107	9	56	212	0	0.00
	合计	264	122	464	986	134	1970	505	688	204	573	1970	0	0.00
方案 II	城五区	212	44	346	124	90	814	195	166	138	315	814	0	0.00
	长清区	15	14	18	93	14	154	67	75	12	0	154	0	0.00
	章丘区	20	27	62	229	14	353	79	194	28	52	353	0	0.00
	平阴县	5	9	10	92	4	121	37	68	7	9	121	0	0.00
	济阳区	4	15	19	274	5	316	87	78	10	141	316	0	0.00
	商河县	8	13	9	174	7	212	40	107	9	56	212	0	0.00
	合计	264	122	464	986	134	1970	505	688	204	573	1970	0	0.00

表 6.13 2020 年基于情景 Ⅱ 的济南市河道外水资源供需平衡分析结果（偏枯水年）

方案	计算分区	需水量/(10^6 m³)						供水量/(10^6 m³)					缺水量/(10^6 m³)	缺水率/%
		城镇生活	农村生活	工业及三产	农业	河道外生态	合计	地表水	地下水	再生水	外调水	合计		
方案 Ⅰ	城五区	217	45	354	125	92	832	215	162	138	318	832	0	0.00
	长清区	16	15	19	98	15	163	76	71	13	3	163	0	0.00
	章丘区	21	29	66	244	15	375	75	190	28	82	375	0	0.00
	平阴县	6	10	11	103	4	134	38	64	7	24	134	0	0.00
	济阳区	4	16	21	289	5	336	84	74	10	162	330	6	1.79
	商河县	8	14	10	179	7	218	35	102	9	68	214	4	1.83
	合计	272	129	480	1038	139	2058	523	663	205	657	2048	10	0.49
方案 Ⅱ	城五区	217	45	354	125	92	832	195	162	138	318	810	22	2.64
	长清区	16	15	19	98	15	163	72	71	13	3	159	4	2.45
	章丘区	21	29	66	244	15	375	65	190	28	82	365	10	2.67
	平阴县	6	10	11	103	4	134	35	64	7	24	131	3	2.24
	济阳区	4	16	21	289	5	336	75	74	10	162	321	15	4.46
	商河县	8	14	10	179	7	218	29	102	9	68	208	10	4.59
	合计	272	129	480	1038	139	2058	469	663	205	657	1994	64	3.11

表6.14　2020年基于情景Ⅱ的济南市河道外水资源供需平衡分析结果（特枯水年）

方案	计算分区	需水量/(10⁶ m³)						供水量/(10⁶ m³)					缺水量/(10⁶ m³)	缺水率/%
		城镇生活	农村生活	工业及三产	农业	河道外生态	合计	地表水	地下水	再生水	外调水	合计		
方案Ⅰ	城五区	221	46	363	93	95	818	205	158	138	316	817	1	0.12
	长清区	16	15	20	93	15	160	74	69	13	3	159	1	0.63
	章丘区	22	29	68	227	15	361	73	187	28	72	360	1	0.20
	平阴县	6	11	12	98	5	131	37	62	7	25	130	1	0.76
	济阳区	5	17	22	307	6	356	83	76	10	175	344	12	3.42
	商河县	9	14	10	173	8	213	31	96	9	68	204	9	4.23
	合计	279	132	495	990	144	2040	503	648	205	659	2014	26	1.27
方案Ⅱ	城五区	221	46	363	93	95	818	169	158	138	316	781	37	4.52
	长清区	16	15	20	93	15	160	68	69	13	3	153	7	4.38
	章丘区	22	29	68	227	15	361	59	187	28	72	346	15	4.16
	平阴县	6	11	12	98	5	131	33	62	7	25	126	5	3.82
	济阳区	5	17	22	307	6	356	73	76	10	175	334	22	6.18
	商河县	9	14	10	173	8	213	26	96	9	68	199	14	6.57
	合计	279	132	495	990	144	2040	428	648	205	659	1940	100	4.90

表6.15 2030年基于情景Ⅱ的济南市河道外水资源供需平衡分析结果（平水年）

方案	计算分区	需水量/(10^6m^3)						供水量/(10^6m^3)					缺水量/(10^6m^3)	缺水率/%
		城镇生活	农村生活	工业及三产	农业	河道外生态	合计	地表水	地下水	再生水	外调水	合计		
方案Ⅰ	城五区	242	50	444	105	121	963	195	166	240	362	963	0	0.00
	长清区	18	16	47	76	19	176	67	75	27	7	176	0	0.00
	章丘区	23	31	93	212	19	378	79	194	49	56	378	0	0.00
	平阴县	6	10	15	96	6	132	47	68	17	0	132	0	0.00
	济阳区	4	17	27	293	8	349	87	78	18	166	349	0	0.00
	商河县	9	15	13	194	10	241	40	107	34	60	241	0	0.00
	合计	**302**	**139**	**639**	**976**	**183**	**2239**	**505**	**688**	**385**	**661**	**2239**	**0**	**0.00**
方案Ⅱ	城五区	242	50	444	105	121	963	195	166	240	362	963	0	0.00
	长清区	18	16	47	76	19	176	67	75	27	7	176	0	0.00
	章丘区	23	31	93	212	19	378	79	194	49	56	378	0	0.00
	平阴县	6	10	15	96	6	132	47	68	17	0	132	0	0.00
	济阳区	4	17	27	293	8	349	87	78	18	166	349	0	0.00
	商河县	9	15	13	194	10	241	40	107	34	60	241	0	0.00
	合计	**302**	**139**	**639**	**976**	**183**	**2239**	**505**	**688**	**385**	**661**	**2239**	**0**	**0.00**

表6.16　2030年基于情景Ⅱ的济南市河道外水资源供需平衡分析结果（偏枯水年）

方案	计算分区	需水量/(10⁶m³)						供水量/(10⁶m³)					缺水量/(10⁶m³)	缺水率/%
		城镇生活	农村生活	工业及三产	农业	河道外生态	合计	地表水	地下水	再生水	外调水	合计		
方案Ⅰ	城五区	247	51	452	108	123	981	215	162	240	364	981	0	0.00
	长清区	19	17	49	79	20	184	76	71	27	10	184	0	0.00
	章丘区	24	33	98	224	20	400	75	190	49	85	400	0	0.00
	平阴县	7	11	16	104	7	144	38	64	17	25	144	0	0.00
	济阳区	4	18	29	304	9	364	83	74	18	181	356	8	2.30
	商河县	9	16	14	194	10	243	39	102	24	72	237	6	2.26
	合计	310	145	659	1013	189	2316	526	663	375	737	2301	15	0.64
方案Ⅱ	城五区	247	51	452	108	123	981	188	162	240	364	954	27	2.75
	长清区	19	17	49	79	20	184	70	71	27	10	178	6	3.26
	章丘区	24	33	98	224	20	400	63	190	49	85	388	12	3.00
	平阴县	7	11	16	104	7	144	34	64	17	25	140	4	2.78
	济阳区	4	18	29	304	9	364	72	74	18	181	345	19	5.22
	商河县	9	16	14	194	10	243	32	102	24	72	230	13	5.35
	合计	310	145	659	1013	189	2316	460	663	375	737	2235	81	3.50

表6.17 2030年基于情景Ⅱ的济南市河道外水资源供需平衡分析结果（特枯水年）

方案	计算分区	需水量/(10⁶m³)						供水量/(10⁶m³)					缺水量/(10⁶m³)	缺水率/%
		城镇生活	农村生活	工业及三产	农业	河道外生态	合计	地表水	地下水	再生水	外调水	合计		
方案Ⅰ	城五区	250	52	459	82	125	967	205	158	240	363	966	1	0.10
	长清区	20	17	51	75	21	184	72	69	27	15	183	1	0.64
	章丘区	26	35	104	232	21	417	74	189	49	104	416	1	0.19
	平阴县	7	11	17	99	7	141	37	62	17	24	140	1	0.84
	济阳区	4	19	30	297	9	360	81	72	18	181	352	8	2.24
	商河县	10	16	14	190	11	241	34	101	25	73	233	8	3.41
	合计	**316**	**150**	**675**	**975**	**194**	**2310**	**503**	**651**	**376**	**760**	**2290**	**20**	**0.88**
方案Ⅱ	城五区	250	52	459	82	125	967	159	158	240	363	920	47	4.86
	长清区	20	17	51	75	21	184	64	69	27	15	175	9	4.89
	章丘区	26	35	104	232	21	417	56	189	49	104	398	19	4.56
	平阴县	7	11	17	99	7	141	32	62	17	24	135	6	4.26
	济阳区	4	19	30	297	9	360	63	72	18	181	334	26	7.22
	商河县	10	16	14	190	11	241	24	101	25	73	223	18	7.47
	合计	**316**	**150**	**675**	**975**	**194**	**2310**	**398**	**651**	**376**	**760**	**2185**	**125**	**5.41**

2020 年、2030 年不同方案、不同来水条件下各重要水库下泄流量情况分别如图 6.9～图 6.20 所示。在此基础上，统计中、远期济南市各主要河流生态基流保证率情况，见表 6.18。

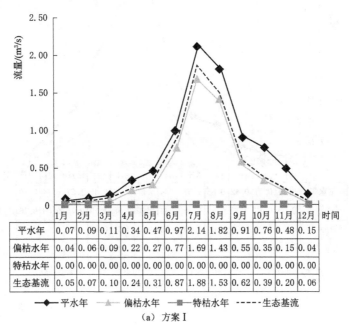

时间	1月	2月	3月	4月	5月	6月	7月	8月	9月	10月	11月	12月
平水年	0.07	0.09	0.11	0.34	0.47	0.97	2.14	1.82	0.91	0.76	0.48	0.15
偏枯水年	0.04	0.06	0.09	0.22	0.27	0.77	1.69	1.43	0.55	0.35	0.15	0.04
特枯水年	0.00	0.00	0.00	0.00	0.00	0.00	0.00	0.00	0.00	0.00	0.00	0.00
生态基流	0.05	0.07	0.10	0.24	0.31	0.87	1.88	1.53	0.62	0.39	0.20	0.06

（a）方案 I

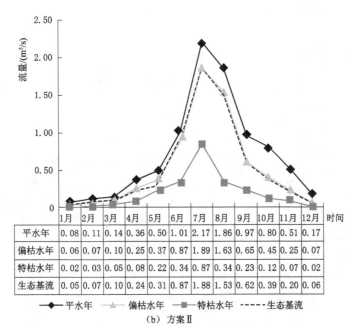

时间	1月	2月	3月	4月	5月	6月	7月	8月	9月	10月	11月	12月
平水年	0.08	0.11	0.14	0.36	0.50	1.01	2.17	1.86	0.97	0.80	0.51	0.17
偏枯水年	0.06	0.07	0.10	0.25	0.37	0.87	1.89	1.63	0.65	0.45	0.25	0.07
特枯水年	0.02	0.03	0.05	0.08	0.22	0.34	0.87	0.34	0.23	0.12	0.07	0.02
生态基流	0.05	0.07	0.10	0.24	0.31	0.87	1.88	1.53	0.62	0.39	0.20	0.06

（b）方案 II

图 6.9　2020 年杏林水库下泄流量图

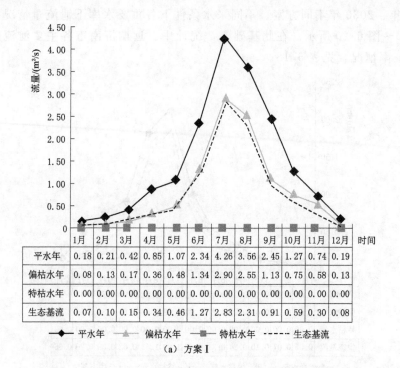

	1月	2月	3月	4月	5月	6月	7月	8月	9月	10月	11月	12月	时间
平水年	0.18	0.21	0.42	0.85	1.07	2.34	4.26	3.56	2.45	1.27	0.74	0.19	
偏枯水年	0.08	0.13	0.17	0.36	0.48	1.34	2.90	2.55	1.13	0.75	0.58	0.13	
特枯水年	0.00	0.00	0.00	0.00	0.00	0.00	0.00	0.00	0.00	0.00	0.00	0.00	
生态基流	0.07	0.10	0.15	0.34	0.46	1.27	2.83	2.31	0.91	0.59	0.30	0.08	

◆ 平水年　　▲ 偏枯水年　　■ 特枯水年　　---- 生态基流

（a）方案 I

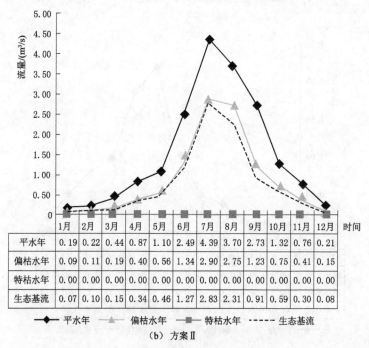

	1月	2月	3月	4月	5月	6月	7月	8月	9月	10月	11月	12月	时间
平水年	0.19	0.22	0.44	0.87	1.10	2.49	4.39	3.70	2.73	1.32	0.76	0.21	
偏枯水年	0.09	0.11	0.19	0.40	0.56	1.34	2.90	2.75	1.23	0.75	0.41	0.15	
特枯水年	0.00	0.00	0.00	0.00	0.00	0.00	0.00	0.00	0.00	0.00	0.00	0.00	
生态基流	0.07	0.10	0.15	0.34	0.46	1.27	2.83	2.31	0.91	0.59	0.30	0.08	

◆ 平水年　　▲ 偏枯水年　　■ 特枯水年　　---- 生态基流

（b）方案 II

图 6.10　2020 年大站水库下泄流量图

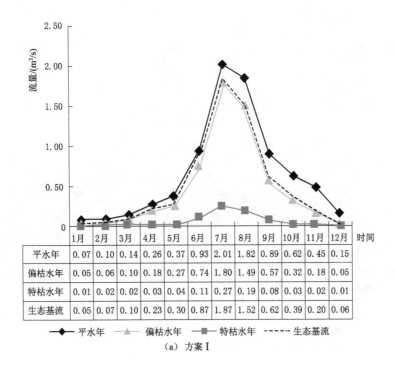

时间	1月	2月	3月	4月	5月	6月	7月	8月	9月	10月	11月	12月
平水年	0.07	0.10	0.14	0.26	0.37	0.93	2.01	1.82	0.89	0.62	0.45	0.15
偏枯水年	0.05	0.06	0.10	0.18	0.27	0.74	1.80	1.49	0.57	0.32	0.18	0.05
特枯水年	0.01	0.02	0.02	0.03	0.04	0.11	0.27	0.19	0.08	0.03	0.02	0.01
生态基流	0.05	0.07	0.10	0.23	0.30	0.87	1.87	1.52	0.62	0.39	0.20	0.06

◆— 平水年   ▲— 偏枯水年   ■— 特枯水年   ---- 生态基流

（a）方案 I

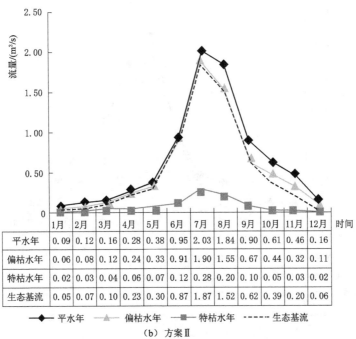

时间	1月	2月	3月	4月	5月	6月	7月	8月	9月	10月	11月	12月
平水年	0.09	0.12	0.16	0.28	0.38	0.95	2.03	1.84	0.90	0.61	0.46	0.16
偏枯水年	0.06	0.08	0.12	0.24	0.33	0.91	1.90	1.55	0.67	0.44	0.32	0.11
特枯水年	0.02	0.03	0.04	0.06	0.07	0.12	0.28	0.20	0.10	0.05	0.03	0.02
生态基流	0.05	0.07	0.10	0.23	0.30	0.87	1.87	1.52	0.62	0.39	0.20	0.06

◆— 平水年   ▲— 偏枯水年   ■— 特枯水年   ---- 生态基流

（b）方案 II

图 6.11　2020 年杜张水库下泄流量图

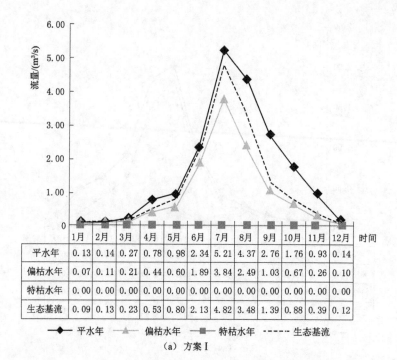

时间	1月	2月	3月	4月	5月	6月	7月	8月	9月	10月	11月	12月
平水年	0.13	0.14	0.27	0.78	0.98	2.34	5.21	4.37	2.76	1.76	0.93	0.14
偏枯水年	0.07	0.11	0.21	0.44	0.60	1.89	3.84	2.49	1.03	0.67	0.26	0.10
特枯水年	0.00	0.00	0.00	0.00	0.00	0.00	0.00	0.00	0.00	0.00	0.00	0.00
生态基流	0.09	0.13	0.23	0.53	0.80	2.13	4.82	3.48	1.39	0.88	0.39	0.12

◆— 平水年　▲— 偏枯水年　■— 特枯水年　-------- 生态基流

（a）方案 I

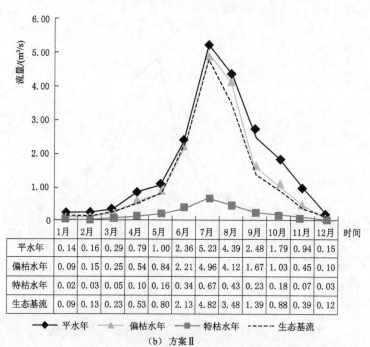

时间	1月	2月	3月	4月	5月	6月	7月	8月	9月	10月	11月	12月
平水年	0.14	0.16	0.29	0.79	1.00	2.36	5.23	4.39	2.48	1.79	0.94	0.15
偏枯水年	0.09	0.15	0.25	0.54	0.84	2.21	4.96	4.12	1.67	1.03	0.45	0.10
特枯水年	0.02	0.03	0.05	0.10	0.16	0.34	0.67	0.43	0.23	0.18	0.07	0.03
生态基流	0.09	0.13	0.23	0.53	0.80	2.13	4.82	3.48	1.39	0.88	0.39	0.12

◆— 平水年　▲— 偏枯水年　■— 特枯水年　-------- 生态基流

（b）方案 II

图 6.12　2020 年卧虎山水库下泄流量图

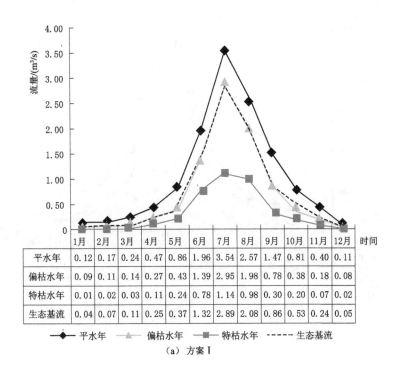

时间	1月	2月	3月	4月	5月	6月	7月	8月	9月	10月	11月	12月
平水年	0.12	0.17	0.24	0.47	0.86	1.96	3.54	2.57	1.47	0.81	0.40	0.11
偏枯水年	0.09	0.11	0.14	0.27	0.43	1.39	2.95	1.98	0.78	0.38	0.18	0.08
特枯水年	0.01	0.02	0.03	0.11	0.24	0.78	1.14	0.98	0.30	0.20	0.07	0.02
生态基流	0.04	0.07	0.11	0.25	0.37	1.32	2.89	2.08	0.86	0.53	0.24	0.05

（a）方案Ⅰ

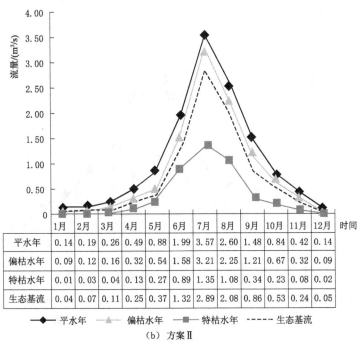

时间	1月	2月	3月	4月	5月	6月	7月	8月	9月	10月	11月	12月
平水年	0.14	0.19	0.26	0.49	0.88	1.99	3.57	2.60	1.48	0.84	0.42	0.14
偏枯水年	0.09	0.12	0.16	0.32	0.54	1.58	3.21	2.25	1.21	0.67	0.32	0.09
特枯水年	0.01	0.03	0.04	0.13	0.27	0.89	1.35	1.08	0.34	0.23	0.08	0.02
生态基流	0.04	0.07	0.11	0.25	0.37	1.32	2.89	2.08	0.86	0.53	0.24	0.05

（b）方案Ⅱ

图 6.13 2020 年石店水库下泄流量图

93

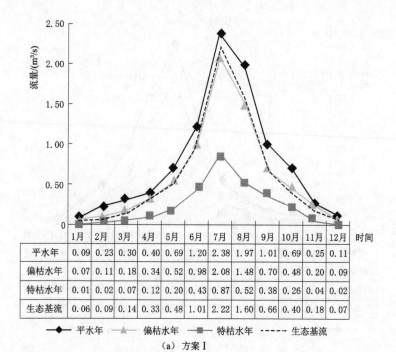

时间	1月	2月	3月	4月	5月	6月	7月	8月	9月	10月	11月	12月
平水年	0.09	0.23	0.30	0.40	0.69	1.20	2.38	1.97	1.01	0.69	0.25	0.11
偏枯水年	0.07	0.11	0.18	0.34	0.52	0.98	2.08	1.48	0.70	0.48	0.20	0.09
特枯水年	0.01	0.02	0.07	0.12	0.20	0.43	0.87	0.52	0.38	0.26	0.04	0.02
生态基流	0.06	0.09	0.14	0.33	0.48	1.01	2.22	1.60	0.66	0.40	0.18	0.07

（a）方案 I

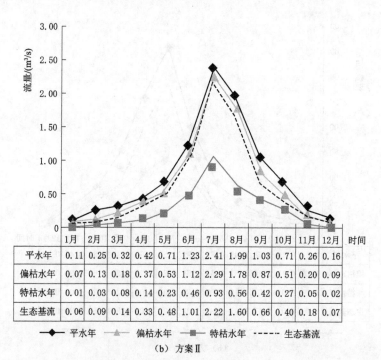

时间	1月	2月	3月	4月	5月	6月	7月	8月	9月	10月	11月	12月
平水年	0.11	0.25	0.32	0.42	0.71	1.23	2.41	1.99	1.03	0.71	0.26	0.16
偏枯水年	0.07	0.13	0.18	0.37	0.53	1.12	2.29	1.78	0.87	0.51	0.20	0.09
特枯水年	0.01	0.03	0.08	0.14	0.23	0.46	0.93	0.56	0.42	0.27	0.05	0.02
生态基流	0.06	0.09	0.14	0.33	0.48	1.01	2.22	1.60	0.66	0.40	0.18	0.07

（b）方案 II

图 6.14 2020 年崮头水库下泄流量图

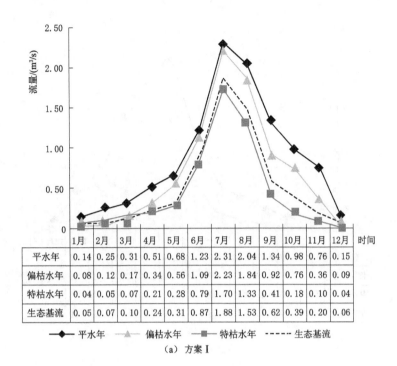

时间	1月	2月	3月	4月	5月	6月	7月	8月	9月	10月	11月	12月
平水年	0.14	0.25	0.31	0.51	0.68	1.23	2.31	2.04	1.34	0.98	0.76	0.15
偏枯水年	0.08	0.12	0.17	0.34	0.56	1.09	2.23	1.84	0.92	0.76	0.36	0.09
特枯水年	0.04	0.05	0.07	0.21	0.28	0.79	1.70	1.33	0.41	0.18	0.10	0.04
生态基流	0.05	0.07	0.10	0.24	0.31	0.87	1.88	1.53	0.62	0.39	0.20	0.06

（a）方案 I

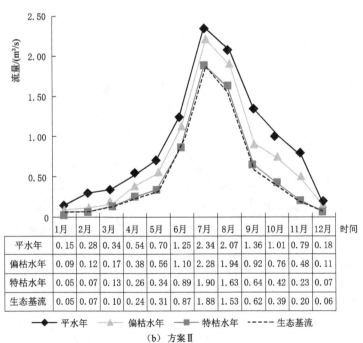

时间	1月	2月	3月	4月	5月	6月	7月	8月	9月	10月	11月	12月
平水年	0.15	0.28	0.34	0.54	0.70	1.25	2.34	2.07	1.36	1.01	0.79	0.18
偏枯水年	0.09	0.12	0.17	0.38	0.56	1.10	2.28	1.94	0.92	0.76	0.48	0.11
特枯水年	0.05	0.07	0.13	0.26	0.34	0.89	1.90	1.63	0.64	0.42	0.23	0.07
生态基流	0.05	0.07	0.10	0.24	0.31	0.87	1.88	1.53	0.62	0.39	0.20	0.06

（b）方案 II

图 6.15　2030 年杏林水库下泄流量图

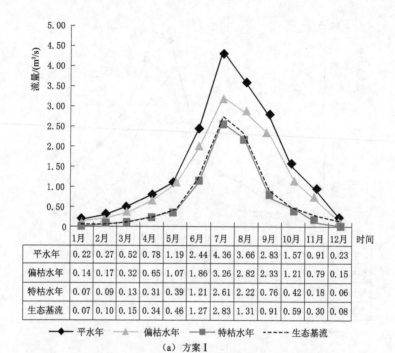

时间	1月	2月	3月	4月	5月	6月	7月	8月	9月	10月	11月	12月
平水年	0.22	0.27	0.52	0.78	1.19	2.44	4.36	3.66	2.83	1.57	0.91	0.23
偏枯水年	0.14	0.17	0.32	0.65	1.07	1.86	3.26	2.82	2.33	1.21	0.79	0.15
特枯水年	0.07	0.09	0.13	0.31	0.39	1.21	2.61	2.22	0.76	0.42	0.18	0.06
生态基流	0.07	0.10	0.15	0.34	0.46	1.27	2.83	1.31	0.91	0.59	0.30	0.08

—◆— 平水年　—▲— 偏枯水年　—■— 特枯水年　----- 生态基流

（a）方案Ⅰ

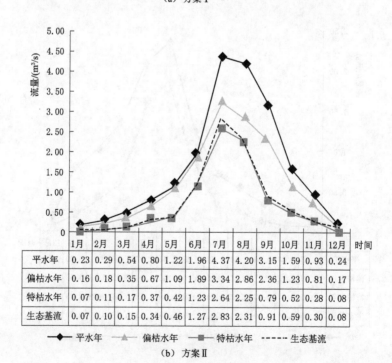

时间	1月	2月	3月	4月	5月	6月	7月	8月	9月	10月	11月	12月
平水年	0.23	0.29	0.54	0.80	1.22	1.96	4.37	4.20	3.15	1.59	0.93	0.24
偏枯水年	0.16	0.18	0.35	0.67	1.09	1.89	3.34	2.86	2.36	1.23	0.81	0.17
特枯水年	0.07	0.11	0.17	0.37	0.42	1.23	2.64	2.25	0.79	0.52	0.28	0.08
生态基流	0.07	0.10	0.15	0.34	0.46	1.27	2.83	2.31	0.91	0.59	0.30	0.08

—◆— 平水年　—▲— 偏枯水年　—■— 特枯水年　----- 生态基流

（b）方案Ⅱ

图 6.16　2030 年大站水库下泄流量图

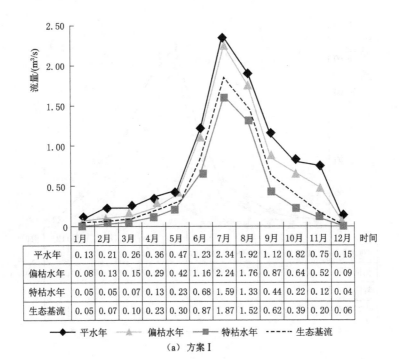

时间	1月	2月	3月	4月	5月	6月	7月	8月	9月	10月	11月	12月
平水年	0.13	0.21	0.26	0.36	0.47	1.23	2.34	1.92	1.12	0.82	0.75	0.15
偏枯水年	0.08	0.13	0.15	0.29	0.42	1.16	2.24	1.76	0.87	0.64	0.52	0.09
特枯水年	0.05	0.05	0.07	0.13	0.23	0.68	1.59	1.33	0.44	0.22	0.12	0.04
生态基流	0.05	0.07	0.10	0.23	0.30	0.87	1.87	1.52	0.62	0.39	0.20	0.06

◆ 平水年　▲ 偏枯水年　■ 特枯水年　---- 生态基流

（a）方案Ⅰ

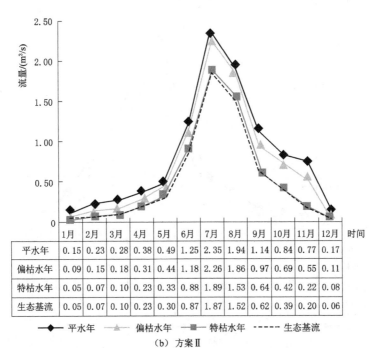

时间	1月	2月	3月	4月	5月	6月	7月	8月	9月	10月	11月	12月
平水年	0.15	0.23	0.28	0.38	0.49	1.25	2.35	1.94	1.14	0.84	0.77	0.17
偏枯水年	0.09	0.15	0.18	0.31	0.44	1.18	2.26	1.86	0.97	0.69	0.55	0.11
特枯水年	0.05	0.07	0.10	0.23	0.33	0.88	1.89	1.53	0.64	0.42	0.22	0.08
生态基流	0.05	0.07	0.10	0.23	0.30	0.87	1.87	1.52	0.62	0.39	0.20	0.06

◆ 平水年　▲ 偏枯水年　■ 特枯水年　---- 生态基流

（b）方案Ⅱ

图 6.17　2030 年杜张水库下泄流量图

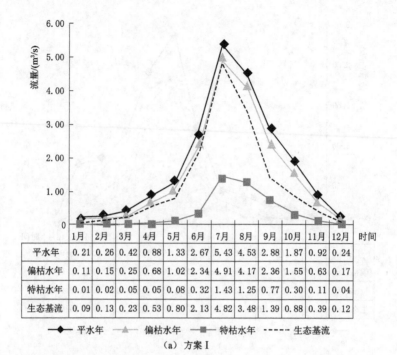

	1月	2月	3月	4月	5月	6月	7月	8月	9月	10月	11月	12月	时间
平水年	0.21	0.26	0.42	0.88	1.33	2.67	5.43	4.53	2.88	1.87	0.92	0.24	
偏枯水年	0.11	0.15	0.25	0.68	1.02	2.34	4.91	4.17	2.36	1.55	0.63	0.17	
特枯水年	0.01	0.02	0.05	0.05	0.08	0.32	1.43	1.25	0.77	0.30	0.11	0.04	
生态基流	0.09	0.13	0.23	0.53	0.80	2.13	4.82	3.48	1.39	0.88	0.39	0.12	

◆── 平水年　▲── 偏枯水年　■── 特枯水年　┈┈ 生态基流

（a）方案Ⅰ

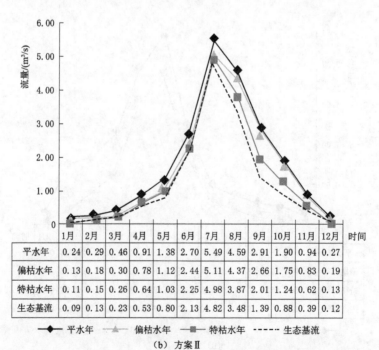

	1月	2月	3月	4月	5月	6月	7月	8月	9月	10月	11月	12月	时间
平水年	0.24	0.29	0.46	0.91	1.38	2.70	5.49	4.59	2.91	1.90	0.94	0.27	
偏枯水年	0.13	0.18	0.30	0.78	1.12	2.44	5.11	4.37	2.66	1.75	0.83	0.19	
特枯水年	0.11	0.15	0.26	0.64	1.03	2.25	4.98	3.87	2.01	1.24	0.62	0.13	
生态基流	0.09	0.13	0.23	0.53	0.80	2.13	4.82	3.48	1.39	0.88	0.39	0.12	

◆── 平水年　▲── 偏枯水年　■── 特枯水年　┈┈ 生态基流

（b）方案Ⅱ

图 6.18　2030 年卧虎山水库下泄流量图

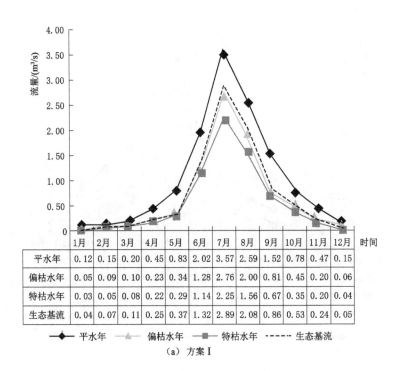

	1月	2月	3月	4月	5月	6月	7月	8月	9月	10月	11月	12月
平水年	0.12	0.15	0.20	0.45	0.83	2.02	3.57	2.59	1.52	0.78	0.47	0.15
偏枯水年	0.05	0.09	0.10	0.23	0.34	1.28	2.76	2.00	0.81	0.45	0.20	0.06
特枯水年	0.03	0.05	0.08	0.22	0.29	1.14	2.25	1.56	0.67	0.35	0.20	0.04
生态基流	0.04	0.07	0.11	0.25	0.37	1.32	2.89	2.08	0.86	0.53	0.24	0.05

（a）方案 I

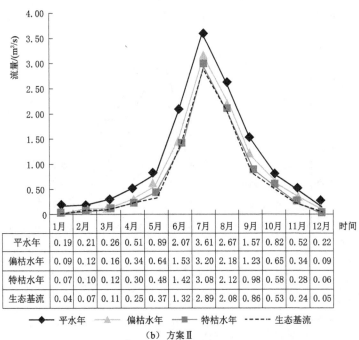

	1月	2月	3月	4月	5月	6月	7月	8月	9月	10月	11月	12月
平水年	0.19	0.21	0.26	0.51	0.89	2.07	3.61	2.67	1.57	0.82	0.52	0.22
偏枯水年	0.09	0.12	0.16	0.34	0.64	1.53	3.20	2.18	1.23	0.65	0.34	0.09
特枯水年	0.07	0.10	0.12	0.30	0.48	1.42	3.08	2.12	0.98	0.58	0.28	0.06
生态基流	0.04	0.07	0.11	0.25	0.37	1.32	2.89	2.08	0.86	0.53	0.24	0.05

（b）方案 II

图 6.19　2030 年石店水库下泄流量图

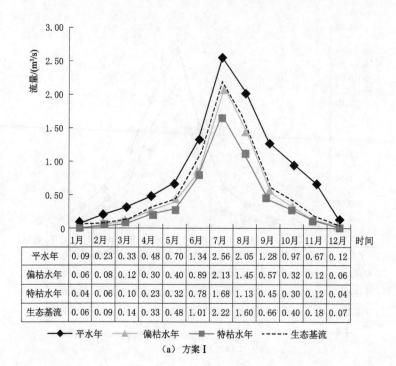

时间	1月	2月	3月	4月	5月	6月	7月	8月	9月	10月	11月	12月
平水年	0.09	0.23	0.33	0.48	0.70	1.34	2.56	2.05	1.28	0.97	0.67	0.12
偏枯水年	0.06	0.08	0.12	0.30	0.40	0.89	2.13	1.45	0.57	0.32	0.12	0.06
特枯水年	0.04	0.06	0.10	0.23	0.32	0.78	1.68	1.13	0.45	0.30	0.12	0.04
生态基流	0.06	0.09	0.14	0.33	0.48	1.01	2.22	1.60	0.66	0.40	0.18	0.07

（a）方案Ⅰ

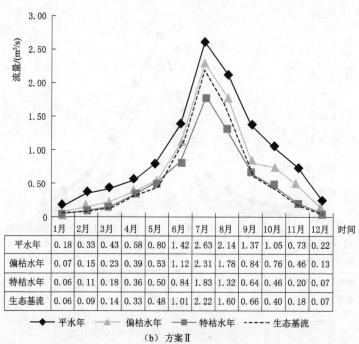

时间	1月	2月	3月	4月	5月	6月	7月	8月	9月	10月	11月	12月
平水年	0.18	0.33	0.43	0.58	0.80	1.42	2.63	2.14	1.37	1.05	0.73	0.22
偏枯水年	0.07	0.15	0.23	0.39	0.53	1.12	2.31	1.78	0.84	0.76	0.46	0.13
特枯水年	0.06	0.11	0.18	0.36	0.50	0.84	1.83	1.32	0.64	0.46	0.20	0.07
生态基流	0.06	0.09	0.14	0.33	0.48	1.01	2.22	1.60	0.66	0.40	0.18	0.07

（b）方案Ⅱ

图 6.20　2030 年崮头水库下泄流量图

表 6.18   中、远期济南市各主要河流生态基流保证率统计情况   ％

规划年	方案	漯河	绣江河	巨野河	玉符河	北大沙河	南大沙河
2020 年	方案 I	50	75	50	50	50	50
	方案 II	75	75	75	75	75	75
2030 年	方案 I	75	75	75	75	50	50
	方案 II	95	90	95	95	95	90

1. 不同调度方案对河道外社会经济用水的影响分析

由表 6.12～表 6.17 可以看出，未来规划水平年，在加大外调水供水量并实施东联供水工程之后，平水年来水条件下，是否考虑河道内生态用水对济南市各计算分区用水没有任何影响（即缺水率均为 0）。

偏枯水年来水条件下，2020 年及 2030 年方案 I 全市河道外社会经济用水缺水率分别为 0.49％、0.64％，仅济阳区及商河县缺水，2020 年缺水率分别为 1.79％、1.83％，2030 年分别为 2.30％、2.26％。考虑河道内生态用水调度后（即方案 II），河道外社会经济缺水呈现出两大变化：一是 2020 年与 2030 年全市整体河道外社会经济缺水更为严重，2020 年全市缺水率提高至 3.11％，2030 年提高至 3.50％；二是由原来的仅济阳区、商河县缺水演变成六大计算分区均缺水，其中 2020 年、2030 年城五区缺水率分别为 2.64％、2.75％。由此表明，中、远期河道内生态调度也会对河道外社会经济用水造成一定程度的挤占，但纵观生态调度后社会经济用水缺水率的变化，最高缺水率为 5.35％（商河县，2030 年），尚在可控范围内。

特枯水年来水条件下，生态调度后所呈现出的影响与偏枯水年类似，即河道外社会经济用水缺水率略有增加，但与现状年考虑生态调度后所带来的影响相比，已有较大改善，社会经济缺水量均在可控范围内。特别是在东联供水工程全线贯通后，章丘区 2020 年、2030 年用水得到很大程度改善，已从济南市重点缺水区域变为水资源较为充裕区域。同时，随着东湖水库蓄水工程的不断完善，外调水进入济南市又多了一条新渠道，济南市很大一部分地下水得到置换，为恢复济南昔日"泉城"风貌奠定了水资源基础。

2. 不同调度方案对河道内生态用水的影响分析

由图 6.9～图 6.20 及表 6.18 可以看出，在考虑水库生态调度基础上，未来规划水平年市区内 6 条主要河流生态基流保证率得到有效提高，具体情况为：2020 年，在加大外调水量及实现东联供水工程后，除特枯水年外，在任何来水条件下，各水库下泄流量均分别能满足其相应河道内生态基流要求，即各河道生态基流保证率能达到 75％；2030 年，在进一步加大调引黄河、长江水后，6 座水库下泄量均能确保其相应下游河道生态基流保证率在 90％及以上。

综上所述，考虑到中、远期水库生态调度后各计算分区河道外社会经济缺水率均在可控范围内；同时，市区内各主要河流河道内生态用水得到显著提高，因此综合考虑水库实施生态调度后对受水区及各主要河流的正负影响后，中、远期水资源多目标均衡调度方案推荐方案Ⅱ，即考虑生态基流。

6.4　济南市水资源多目标均衡调度效果评价

根据前文（详见第 5 章）探讨的区域水资源多目标均衡调度效果评价，并结合济南市 2006—2013 年用水数据，开展济南市水资源多目标均衡调度效果评价研究，从水资源利用角度出发，基于水生态足迹理论，分析上述水资源多目标均衡调度方案的科学性与合理性。

6.4.1　水生态足迹与水生态承载力动态核算与分析

根据第 5.3 节探讨的水生态足迹与水生态承载力核算公式，对济南市 2006—2013 年数据进行水生态足迹与水生态承载力动态核算，从水生态足迹角度分析近几年水资源利用及水生态可持续性现状动态演变规律。在此基础上，对济南市水资源多目标均衡调度方案下（2014 年、2020 年、2030 年）水生态足迹与水生态承载力进行动态核算。具体核算结果见表 6.19 和图 6.21。

表 6.19　　　　济南市水生态足迹与水生态承载力动态核算结果　　　单位：亿 hm^2

年份	WEF_{wr}	WEF_{wp}	WEF	WEC
2006	0.0049	0.0001	0.0050	0.0042
2007	0.0048	0.0001	0.0049	0.0044
2008	0.0051	0.0003	0.0054	0.0045
2009	0.0049	0.0004	0.0053	0.0043
2010	0.0047	0.0005	0.0052	0.0043
2011	0.0049	0.0003	0.0052	0.0047
2012	0.0052	0.0002	0.0054	0.0048
2013	0.0050	0.0002	0.0052	0.0050
2014	0.0048	0.0001	0.0049	0.0052
2020	0.0042	0.0001	0.0043	0.0052
2030	0.0032	0.0001	0.0033	0.0052

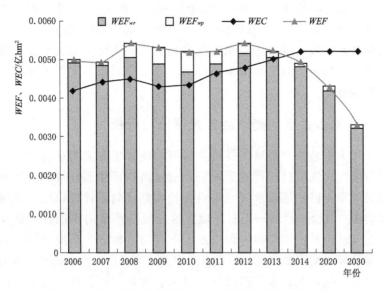

图 6.21　济南市水生态足迹与水生态承载力动态演变趋势

1. 2006—2013 年水生态足迹与水生态承载力动态演变分析

由表 6.16 及图 6.21 可以看出，2006—2013 年期间，济南市水生态承载力常年低于水生态足迹，表明其水资源承载力随着时间推移一直处于水生态赤字状态，这与济南市资源型缺水特征也相符合；同时，济南市水生态足迹与水生态承载力整体未出现较大幅度变化，说明在这期间，济南市用水整体较为稳定。

水生态足迹中，淡水生态足迹所占比例远远大于水污染生态足迹所占比例，多年平均淡水生态足迹所占比例为 95%。由此可以看出，济南市供给生活、农业、工业及三产、河道外生态环境的水资源远超过用于消纳城市生活及生产废水污染所用的水资源。同时可以看出，水污染生态足迹呈现先上升（2006—2010 年）、后下降（2010—2013 年）的演变趋势，经调查，2011 年以前，由于大规模开发建设，济南市城区河道断面萎缩、淤堵严重，污水大部分沿河道排放，河流湖泊水体受到严重污染，并危及地下水安全，因此这段时间用于消除水体污染的水资源相对增长。济南市于 2011 年编制并开始实施的《济南市水系生态环境监测规划》从根本上解决了济南市雨污混流、水体污染问题，这也是济南市水污染生态足迹在 2011 年之后呈现下降的原因。

2. 水资源多目标均衡调度后水生态足迹与水生态承载力演变分析

由于水资源调度方案中对规划水平年区域水资源量以现状年计，因此在核算 2020 年、2030 年水生态承载力时，也采用现状年水资源量进行计算。由表 6.19 及图 6.21 可以看出，实施水资源多目标均衡调度后，济南市水生态足迹呈现出明显的下降趋势，原因在于实施外调水工程后，"三生"对当地水资源的需求得到了很大地缓解。2014 年以后，济南市水生态承载力明显高于水生态足迹，表明其水资源承载力随着水资源多目标均衡调度方案的实施，将呈现出水生态盈余的新局面，对于济南市建设水生态文明城市、实现水资源可持续发展具有重要的意义。

6.4.2　水资源多目标均衡调度效果评价与分析

济南市作为著名的"泉城"以及全国第一座水生态文明建设试点城市，其水生态可持续性的优劣已经严重影响到社会经济以及生态环境的健康发展。因此，根据第 5 章探讨的区域水资源多目标均衡调度效果评价模型，分别选取济南市"水资源—社会—经济—生态环境"这一复杂系统内部耦合指数及耦合协调指数，从互动性及协调性两方面对水生态可持续性进行研究分析，并通过剖析水资源多目标均衡调度方案实施后（2014 年、2020 年、2030 年）济南市水生态可持续性的变化情况，来反馈调度方案的合理性与可行性。具体指标计算情况如图 6.22 所示。

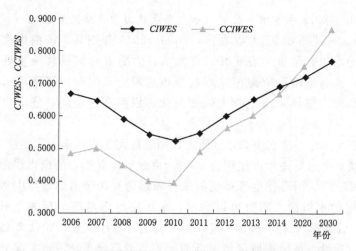

图 6.22　济南市复杂系统耦合指数及耦合协调指数动态演变趋势

由图 6.22 可以看出，济南市"水资源—社会—经济—生态环境"这一复杂系统的耦合指数和耦合协调指数呈现出相同的变化趋势，且 2006—2014 年间，耦合指数始终高于耦合协调指数，表明在济南市社会经济发展的关键时期，水生态可持续性内部子系统间互动性始终大于协调性，一方面反映了该期间，济南市"水资源—社会—经济—生态环境"这一复杂系统之间存在着必要的互动，各子系统相互约束、相互影响，但另一方面也反映出社会、经济、生态环境发展与水资源利用之间缺乏良好的整体协调性，即社会经济发展、生态环境保护等与水资源可持续利用之间存在此消彼长的相对利益关系。

从图中还可以看出，济南市水生态可持续性发展状态可以分为以下 2 个阶段：

（1）水生态可持续性下降阶段（2006—2010 年），该阶段耦合度和耦合协调度均呈现不同程度的下降。经分析，2006—2010 年为济南市社会经济高速发展时期，该时期决策者更注重于社会的和谐稳定及经济的快速发展，而单方面追求社会、经济的快速发展，加之治污技术、节水观念的相对落后，势必以牺牲水资源系统、生态环境系统利益为代价，从而导致各子系统之间缺乏互动与协调。

（2）水生态可持续性上升阶段（2010 年以后），该阶段两指标值均逐年上升，表明济南市"水资源—社会—经济—生态环境"复杂系统之间的耦合协调性在不断上升，且各子系统间加强了互动。随着人们生活水平的提高，对节水理念的接受能力逐年提升，加之对优质水资源的渴望，人们在追求社会稳定、经济发展的同时，不再以牺牲水环境与水资源为代价，而是秉着可持续发展的心态，注重水资源量与质的保护，协调各子系统间的利益。

由图 6.22 也可以看出，实施水资源多目标均衡调度方案之后，济南市复杂系统的耦合指数及耦合协调指数均呈现出持续增长的趋势，表明该调度方案对于济南市"水资源—社会—经济—生态环境"这一复杂系统的内部协调与互动起到了积极作用，有利于区域的和谐可持续发展。同时，采用水资源多目标均衡方案后，耦合协调指数将逐渐赶超耦合指数，表明济南市复杂系统中各子系统间协调性将逐步提升，超过各子系统间的互动作用，这一改变符合水生态文明城市建设的宗旨，对济南市社会经济发展、生态环境保护等具有积极作用。

6.5 本章小结

本章以山东省济南市为实例，开展济南市水资源多目标均衡调度应用研究，主要内容包括以下几个方面：

（1）深入调查济南市地理位置与行政区划、水文气象、河流水系与社会经济状况，并对济南市水资源开发利用现状进行分析与问题识别。

（2）概化济南市水资源调配系统，对济南市 9 大重点水库进行入流趋势分析及集成预测，并建立水资源宏观配置模型进行求解，结合地下水可开采量迭代计算，优选出在未来水库入流情形下，满足地下水可开采量要求的水资源宏观配置方案。

（3）以常态条件下济南市供水安全和水生态环境改善等为水资源多目标均

衡调度的主要目标，同时以宏观水资源配置方案为数据边界，设置两种情景下的两种不同方案，对不同来水条件下（平水年、偏枯水年及特枯水年）的近期、中远期调度模型分别进行构建与求解，最终得出各行政分区河道外供水量与各重要水库下泄水量成果，组成济南市水资源多目标均衡调度方案。

（4）开展济南市水资源多目标均衡调度效果评价研究，结果表明采用多目标均衡调度方案后，济南市"水资源—社会—经济—生态环境"这一复杂系统的内部协调性与互动性均有所提高，有利于区域的和谐可持续发展。

第 7 章

总 结 与 展 望

7.1 总结

　　区域水资源多目标均衡调度研究是实现水资源高效配置、进一步提高水资源利用效率的必要举措，也是将水资源调配从宏观规划向微观调度运行过渡的重要途径。本书从区域水资源多目标均衡调度的基本理论和技术方法入手，提出了以"水库入流预报—地下水循环修正—水量宏观决策—水利微观运行—调度效果评价"为具体技术手段的区域水资源多目标均衡调度概念模型与技术体系。同时，深入研究区域水资源多目标均衡调度技术体系中三大模块各自构建途径及其内部响应方式，并分别构建响应模型进行系统模拟。其中，模块一从规划层面出发，开展区域水量宏观总控配置技术研究，将整个研究区域各类水源、水利工程纳入到配置系统里，同时考虑区域地表水、地下水的动态变化，对水资源进行统一的宏观分配；模块二在模块一研究成果基础上，开展基于宏观配置方案的区域水资源多目标均衡调度技术研究，以配置方案结果作为调度模型数据控制边界，并根据区域水资源系统特点进行调度模型模拟与求解；模块三以效果评价的方式，对模块二得出的区域水资源多目标均衡调度方案进行反馈研究。最后，以山东省济南市为例，构建济南市水资源多目标均衡调度模型，并进行方案求解与调度效果评价研究，得出了适合济南市可持续发展的多目标均衡调度方案。本书取得的主要研究成果和结论如下：

　　（1）系统探讨区域水资源多目标均衡调度基本理论，构建其概念模型与技术体系。系统阐述了区域水资源多目标均衡调度的理论基础，深入分析了区域水资源多目标均衡调度的概念及内涵，并结合区域水资源多目标调度"均衡性"的特点，提出了由宏观配置优化解与微观调度均衡解构成的区域水资源多目标均衡调度的概念模型。同时，提出以"水库入流预报—地下水循环修正—水量宏观决策—水利微观运行—调度效果评价"为具体调控手段的区域水资源多目标均衡调度技术体系，并对该技术体系中具体技术框架、模块要件与调控过程进行分析探讨。同时，提出区域水资源调度模型的均衡解空间是宏观总控配置模型优化解空间的子集。

（2）从区域水资源宏观配置角度，深入研究区域水量宏观总控配置技术。根据区域水资源特点，并考虑区域地表水、地下水的动态变化，研究提出了基于三层次模型及多重循环迭代计算的区域水量宏观总控配置技术框架。采用Mann-Kendall 秩次检验法对区域重点水库入流趋势进行了长系列分析，并研究水库入流集成预测技术，对遗传算法优化的误差反向传播算法（GA-BP）模型、广义回归神经网络（GRNN）模型及支持向量机（SVM）模型进行了集成，并将集成预测结果作为宏观配置模型数据库的一部分。在此基础上，对多水源多目标水资源宏观配置模型进行了概化与多次模拟计算，并将计算结果中与地下水有关的数据筛选出来，用以驱动地下水均衡模型。选取地下水可开采量作为动态反馈指标，对多水源多目标水资源宏观配置模型进行了循环修正。

（3）深入探讨基于宏观配置方案的区域水资源多目标均衡调度模型。针对区域水资源系统复杂多变且不确定性特征，构建了区域水资源多目标均衡调度模型。系统研究了水资源宏观配置与微观调度运行的耦合机制，将已形成的水资源宏观配置方案作为调度模型的硬约束，通过两者的耦合，将水资源从宏观的规划层面向微观的运行管理层面过渡。将配置模型输出中各计算分区内水利工程的合理供水范围与各水源合理供水量、各用水户供水量作为调度模型的相应边界条件，同时根据受水区生活、生产和生态需水的时间分布特征，将配置方案所得月数据预先处理成调度模型所需的旬数据，从目标函数、约束条件及时间序列 3 个角度分别选取了相应指标来探讨水资源宏观配置与微观调度的耦合过程。并在此基础上，厘清建模思路，探讨了水资源调度规则，综合考虑研究区域供水效益、经济产值、生态环境保护等目标，明确了调度模型的决策变量、目标函数和约束条件的数学表达式，构建了基于宏观配置方案的水资源多目标均衡调度模型，并采用高斯优化混沌粒子群法（GCPSO）对调度模型进行了求解。

（4）从水资源利用角度构建区域水资源多目标均衡调度效果评价模型。明确了区域水资源多目标均衡调度效果评价应遵循的原则，并在此基础上，从水资源利用角度出发，选取了基于水生态足迹理论的调度效果评价方法。最后，核算了近年来及水资源调度方案后近期、中远期的水生态足迹与水生态承载力，并选取了耦合指数与耦合协调指数为评价指标，构建了区域水资源多目标均衡调度效果评价模型来量化水资源调度方案的实际意义。

（5）以山东省济南市为例，开展济南市水资源多目标均衡调度应用研究。

选取山东省济南市水资源系统开展应用研究，全面分析济南市水资源特点并对其进行系统概化，首先构建了济南市水量宏观总控配置模型，对其重点水库入流趋势进行分析，并对未来水库入流进行集成预测。在此基础上，通过地下水可开采量循环迭代计算与济南市多水源多目标水资源宏观配置模型计算的嵌套反馈，得出了济南市水量宏观总控配置方案，作为水资源调度模型的用水边界数据；其次，根据济南市水资源特点，结合社会、经济、生态环境等多方面效益，分两种情景下的两种不同水资源调度方案对济南市水资源系统进行模拟，并给出了两种情景下的具体调度方案；最后，核算了济南市近年来及水资源多目标均衡调度方案后近期、中远期的水生态足迹与水生态承载力，构建了济南市水资源多目标均衡调度效果评价模型来反馈水资源多目标均衡调度方案的合理性与可行性。

通过开展水资源多目标均衡调度，得到了济南市近期、中远期在不同来水年份下的水资源多目标均衡调度方案，同时推荐近期平水年、偏枯水年及以上来水条件下，应考虑生态基流，保证率为75%；近期枯水年及特枯水年来水条件下，应不考虑生态基流；中、远期在任何来水年份下，均应考虑生态基流。最后，对济南市进行的水资源多目标均衡调度效果评价研究表明，济南市复杂系统的耦合指数及耦合协调指数均呈现出持续增长的趋势，说明多目标均衡调度方案将有利于济南市的和谐可持续发展，符合济南市水生态文明城市建设的宗旨，对其社会经济发展、生态环境保护等均具有积极作用。

7.2 展望

以区域水资源宏观配置方案指导微观调度运行是实现区域水资源科学调配、拓展水资源可持续利用的有效途径，本书综合水资源宏观配置技术、水资源调度技术及评价技术，对区域复杂水资源调度系统进行了深入研究，取得了初步成果。由于地域原因，不同区域的水资源禀赋在时空上存在较大差异，且区域内生态系统模式多样，围绕区域水资源多目标均衡调度问题，今后可从以下几个方面进一步开展深入研究：

（1）结合区域水生态系统特性，开展面向水生态保护的区域水资源多目标均衡调度研究。水生态作为影响区域水资源可持续发展的重要因素，已受到国内外专家学者的高度重视。本书引入"生态节点径流量偏差系数"来反映区域水资源多目标均衡调度后重要生态断面的水文变异程度，并通过在调度方案中考虑生态基流来确保河道内生态用水。但区域水生态服务功能多样化，且由于时空分布的差异性，不同地区的生态服务功能侧重点也相差甚远。因此，未来可针对研究区水生态系统特性，概化出适合于特定区域的水生态保护模型，并耦合至区域水资源多目标均衡调度模型中。

（2）结合成熟计算机技术，开发区域水资源多目标均衡调度决策支持系统。本书仅在理论层面提出包含三大模块在内的区域水资源多目标均衡调度技术，并对各模块分别进行编程计算与数学分析，但未对该全套技术进行系统集成与开发。因此，未来可基于本书提出的区域水资源多目标均衡调度理论技术，并结合先进的 3S、VR 等技术，将各模块进行系统集成与数据耦合，开发出能够普遍适用，且操作便捷、计算高效、人机界面清晰的区域水资源多目标均衡调度决策支持系统，实现气象资源、水资源及区域水利工程数据等的更新、预报、调度和控制。

附　录

主 要 变 量 表

变 量 名 称	意 义	单位
XZMC	城镇生活缺水量	万 m³
XZMI	工业及三产缺水量	万 m³
XZME	河道外生态缺水量	万 m³
XZMA	农业缺水量	万 m³
XZMR	农村生活缺水量	万 m³
XMIN	农业均匀破坏度	
XCSC	地表水城镇生活供水量	万 m³
XCSI	地表水工业及三产供水量	万 m³
XCSE	地表水河道外生态供水量	万 m³
XCSA	地表水农业供水量	万 m³
XCSR	地表水农村生活供水量	万 m³
XCDC	外调水城镇生活供水量	万 m³
XCDI	外调水工业及三产供水量	万 m³
XCDE	外调水河道外生态供水量	万 m³
XCDA	外调水农业供水量	万 m³
XCDR	外调水农村生活供水量	万 m³
XZGC	地下水城镇生活供水量	万 m³
XZGI	地下水工业及三产供水量	万 m³
XZGE	地下水河道外生态供水量	万 m³
XZGA	地下水农业供水量	万 m³
XZGR	地下水农村生活供水量	万 m³

变 量 名 称	意 义	单位
$XZTI$	再生水工业及三产供水量	万 m^3
$XZTE$	再生水河道外生态供水量	万 m^3
$XZTA$	再生水农业供水量	万 m^3
$XRSV_{rt}$	第 r 座水库第 t 个月蓄水库容	万 m^3
$XCSRL_t^{lr}$	第 r 座水库第 t 个月给下游河道 lr 下泄水量	万 m^3
α_C、α_I、α_E、α_A、α_R	城镇生活、工业及三产、河道外生态、农业、农村生活供水权重系数	
λ	农业均匀破坏度权重系数	
β_1、β_2	水库汛期、非汛期下泄水量权重系数	
α_{sur}、α_{div}、α_{grd}、α_{rec}	地表水、外调水、地下水、再生水供水权重系数	
$IV_{r,t}$、$QV_{r,t}$	第 r 座水库 t 时段平均入库、出库流量	m^3/s
$W_{r,t}$	第 r 座水库 t 时段上游引水量	万 m^3
$P_{r,t}$	第 r 座水库 t 时段蒸发、渗漏损失水量	万 m^3
$R_{j,t}$、$R_{j,t+1}$	第 j 段河道 t 时段初、末蓄水量	万 m^3
$IR_{j,t}$、$QR_{j,t}$	第 j 段河道断面 t 时段平均进入、出去流量	m^3/s
$I_{k,t}$	第 k 节点 t 时刻流量	m^3/s
$Q_{k,t}$	第 k 节点 t 时刻上游河段出流量	m^3/s
$F_{k,t}$	第 k 节点 t 时刻支流汇入流量	m^3/s
$WD_{l,t}$	第 l 个计算单元 t 时刻需水量	万 m^3
$CL_{l,t}$、$ID_{l,t}$、$CE_{l,t}$、$RL_{l,t}$、$AG_{l,t}$	城镇生活、工业及三产、河道外生态、农村生活、农业供水量	万 m^3
$XRSV_{r,min}$、$XRSV_{r,max}$	第 r 座水库最小、最大库容	万 m^3
$f(Z_{r,i})$	第 r 座水库泄流函数	
$Z_{r,i}$	第 r 座水库 t 时刻水位	m
$R_{min}(j,t)$、$R_{max}(j,t)$	第 j 段河道 t 时刻最小、最大蓄水库容	万 m^3
$QR_{max}(j,t)$	第 j 段河道 t 时刻最大输水流量	m^3/s
$Q_{补}$	地下水总补给量	万 m^3
$Q_{排}$	地下水总排泄量	万 m^3

变 量 名 称	意 义	单位
WR_p、WR_r、WR_c、WR_s、WR_f、WR_m、WR_w	降雨入渗量、河道渗漏量、渠系渗漏量、水库渗漏量、田间入渗量、山前侧渗量、井灌回归补给量	万 m^3
WD_l、WD_s、WD_r、WD_a	侧向流出量、潜水蒸发量、河渠湖库排泄量、人工开采量	万 m^3
μ	含水层给水度	
ρ	地下水可开采系数	
Gs_{tij}、Gg_{tij}、Gd_{tij}、Gr_{tij}	第 t 时段第 j 个计算单元内地表水、地下水、外调水、再生水供给第 i 个用水户水量	万 m^3
Bs_{tij}、Cs_{tij}	第 t 时段第 j 个计算单元内第 i 个用水户从当地地表水取单位水量所产生的效益及所需成本	元/万 m^3
Bg_{tij}、Cg_{tij}	第 t 时段第 j 个计算单元内第 i 个用水户从当地地下水取单位水量所产生的效益及所需成本	元/万 m^3
Bd_{tij}、Cd_{tij}	第 t 时段第 j 个计算单元内第 i 个用水户从外调水取单位水量所产生的效益及所需成本	元/万 m^3
Br_{tij}、Cr_{tij}	第 t 时段第 j 个计算单元内第 i 个用水户从再生水取单位水量所产生的效益及所需成本	元/万 m^3
$Nm_{0,m}$	水资源调度后各生态节点的旬均流量值	m^3/s
$Nm_{e,m}$	自然状态下各生态节点的旬均流量值	m^3/s
M_m	水资源调度后与自然状态下各生态节点的旬均流量值偏差百分率	%
g_n (•)	调度模型中各分目标的转换函数	
Ws_{tj}、Wg_{tj}、Wd_{tj}、Wr_{tj}	第 t 时段第 j 个计算单元内当地地表水、当地地下水、外调水及再生水的实际可供水量	万 m^3
W_{t1j}、W_{t2j}、W_{t3j}、W_{t4j}、W_{t5j}	第 t 时段第 j 个计算单元内城镇生活、工业及三产、河道外生态、农业及农村生活需水量	万 m^3
U_{t1j}、U_{t3j}、U_{t5j}	第 t 时段第 j 个计算单元内城镇生活、河道外生态及农村生活预测需水量	万 m^3
β_s	河道外生态需水量满足系数	

变 量 名 称	意 义	单位
G_{t1j}、G_{t2j}、G_{t3j}、G_{t4j}、G_{t5j}	第 t 时段第 j 个计算单元内各种水源给城镇生活、工业及三产、河道外生态、农业及农村生活总供水量	万 m³
WEF_{wr}	淡水生态足迹	hm²
WEF_{wp}	水污染生态足迹	hm²
WEF	水生态足迹	hm²
$\overline{\varphi_{wr}}$	全球水资源均衡因子	
P_{wr}	全球水资源平均生产能力	m³/hm²
$WEF_{wp}^{\,COD}$	COD 水生态足迹	hm²
$WEF_{wp}^{\,NH_3-N}$	NH₃-N 水生态足迹	hm²
U_{COD}	COD 排放量	t
U_{NH_3-N}	NH₃-N 排放量	t
P_{COD}	单位面积水域对 COD 的吸纳能力	mg/L
P_{NH_3-N}	单位面积水域对 NH₃-N 的吸纳能力	mg/L
WEC	水生态承载力	hm²
φ	区域水资源产量因子	
P	区域产水模数	

参 考 文 献

［1］ 王浩，王建华. 中国水资源与可持续发展 ［J］. 中国科学院院刊，2012（3）：352 - 358，33.

［2］ 王建华，杨志勇. 气候变化将对用水需求带来影响 ［J］. 中国水利，2010（1）：5.

［3］ 侯景伟. ACA 与 RS、GIS 耦合的水资源空间优化配置 ［D］. 开封：河南大学，2012.

［4］ Emery D A，Meek B I. The simulation of the complex reservoir system ［J］. Les Choix Economiques，1960：237 - 255.

［5］ Buras N. Scientific allocation of water resources：water resources development and utilization - a rational approach ［M］. American Elsevier，1972.

［6］ Dudley N J，Burt O R. Stochastic reservoir management and system design for irrigation ［J］. Water Resources Research，1973，9（3）：507 - 522.

［7］ Haimes Y Y，Hall W A. Multiobjectives in water resource systems analysis：the surrogate worth trade off method ［J］. Water Resources Research，1974，10（4）：615 - 624.

［8］ Cohon J L，Marks D H. A review and evaluation of multiobjective programing techniques ［J］. Water Resources Research，1975，11（2）：208 - 220.

［9］ Loucks D P，Stedinger J R，Haith D A. Water resources systems planning and analysis ［M］. Upper Saddle River：Prentice - Hall，1981.

［10］ Yeh W W G. Reservoir management and operations models：a state of the art review ［J］. Resources Research，1985，21（12）：1797 - 1818.

［11］ 李彦红. 基于供需平衡的济宁市水资源优化配置研究 ［D］. 青岛：山东科技大学，2011.

［12］ Herbertson P W，Dovey W J. The allocation of fresh water resources of a tidal estuary ［J］. Optimal allocation of water resources（Proceedings of the Enter Symposium），1982（7）：1001 - 1013.

［13］ Pearson D，Walsh P D. The derivation and use of control curves for the regional allocation of water resources ［J］. Water Resources Research，1982（7）：907 - 912.

［14］ Romijn E，Tamiga M. Multi - objective optimal allocation of water resources ［J］. Journal of Water Resources Planning and Management，ASCE，1982，108（2）：217 - 229.

［15］ Willis R，Yeh W W G. Groundwater systems planning and management ［J］. New Jersey Prentice Hall，1987：416.

［16］ Willis R，Finney B A，Zhang D. Water resources management in north China plain ［J］. Journal of Water Resources Planning and Management，1989，115（5）：598 - 615.

［17］ Salewicz K A，Loucks D P. Interactive simulation for planning，managing and negotiating ［J］. Closing the Gap Between Theory and Practice，IAHS publ，1989（180）：263 - 268.

[18] Lefkof L J, Gorelick S M. Simulating physical progress and economic behavior in saline, irrigated agriculture: model development [J]. Water Resources Research, 1990, 26 (7): 917 - 926.

[19] Lee D J, Howitt R E, Marino M A. A stochastic model water quality: application to salinity in the Colorado River [J]. Water Resources Research, 1993, 29 (3): 475 - 483.

[20] 雒文生, 宋星原. 水环境分析及预测 [M]. 武汉: 武汉大学出版社, 2004.

[21] Tecle A, Fogel M, Duckstein L. Multi - criterion selection of wastewater management alternatives [J]. Journal of Water Resources Planning and Management, 2015, 114 (4): 383 - 398.

[22] Neelakantan T R, Pundarikanthan N V. Neural network - based simulation - optimization model for reservoir operation [J]. Journal of Water Resources Planning and Management, 2000, 126 (2): 57 - 64.

[23] Afzal J, Noble D H, Weatherhead E K. Optimization model for alternative use of different quality irrigation waters [J]. Journal of Irrigation and Drainage Engineering, 1992, 118 (2): 218 - 228.

[24] Percia C, Oron G, Mehrez A. Optimal operation of regional system with diverse water quality sources [J]. Journal of Water Resources Planning and Management, 1997, 123 (2): 105 - 115.

[25] Kumar A, Minocha V K, Sasikumar K, et al. Fuzzy optimization model for water quality management of a river system [J]. Journal of Water Resources Planning and Management, 1999, 125 (3): 179 - 180.

[26] Loftis B, Labadie J W, Fontane D G. Optimal operation of a system of lakes for quality and quantity [C]. Computer Applications in Water Resources, 1989: 693 - 702.

[27] Pingry D E, Shaftel T L, Boles K E. Role for decision - support systems in water - delivery design [J]. Journal of Water Resources Planning and Management, 1990, 116 (6): 629 - 644.

[28] Willey R G, Smith D J, Duke J H. Modeling water - resource systems for water - quality management [J]. Journal of Water Resources Planning and Management, 1996, 122 (3): 171 - 179.

[29] Bielsa J, Duarte R. An economic model for water allocation in north eastern Spain [J]. International Journal of Water Resources Development, 2001, 17 (3): 397 - 408.

[30] Wang L Z, Fang L, Hipel K W. Water resources allocation: a cooperative game theoretic approach [J]. Journal of Environmental Informatics, 2003, 2 (2): 11 - 22.

[31] Kucukmehmetoglu M, Guldmann J M. International water resources allocation and conflicts: the case of the Euphrates and Tigris [J]. Environment and Planning A, 2002, 36 (5): 783 - 802.

[32] Hou J, Mi W, Sun J. Optimal spatial allocation of water resources based on Pareto ant colony algorithm [J]. International Journal of Geographical Information Science, 2014,

28 (2): 213 – 233.

[33] Zaman A M, Malano H M, Davidson B. An integrated water trading – allocation model, applied to a water market in Australia [J]. Agricultural Water Management, 2009 (1): 149 – 159.

[34] Lumbroso D M, Twigger – Ross C, Raffensperger J, et al. Stakeholders' responses to the use of innovative water trading system in east Anglis, England [J]. Water Resources Research, 2014 (9): 2677 – 2694.

[35] Minsker. Efficient methods for including uncertainty and multiple objective in water resources management models using genetic algorithms [J]. Journal of American Water Resources Association, 1998, 34 (3): 519 – 530.

[36] Mckinney D C, Cai X. Linking GIS and water resource management models: an object – oriented method [J]. Environmental Modeling and Software, 2002, 17 (5): 413 – 425.

[37] Abolpour B, Javanm K. Water allocation improvement in river basin using adaptive neural fuzzy reinforcement learning approach [J]. Applied Soft Computing, 2007 (7): 265 – 285.

[38] Davijani M H, Banihabib M E, Anvar A N, et al. Optimization model for the allocation of water resources based on the maximization of employment in the agriculture and industry sectors [J]. Journal of Hydrology, 2015, 533 (1): 430 – 438.

[39] 吴沧浦. 年调节水库的最优运用 [J]. 科学记录新辑, 1960, 4 (2): 81 – 85.

[40] 施熙灿, 林翔岳, 梁青福, 等. 考虑保证率约束的马氏决策规划在水电站水库优化调度中的应用 [J]. 水力发电学报, 1982 (2): 11 – 21.

[41] 董子敖, 闫建生, 尚忠昌, 等. 改变约束法和国民经济效益最大准则在水电站水库优化调度中的应用 [J]. 水力发电学报, 1983 (2): 1 – 11.

[42] 叶秉如, 许静仪, 董增川. 红水河梯级优化调度的多次动态规划和空间分解算法 [C] //红水河水电最优开发数学模型研究论文集, 1988.

[43] 胡振鹏, 冯尚友. 综合利用水库防洪与兴利矛盾的多目标风险分析 [J]. 武汉水利电力学院学报, 1989 (1): 71 – 79.

[44] 许新宜, 王浩, 甘泓. 华北地区宏观经济水资源规划理论与方法 [M]. 郑州: 黄河水利出版社, 1997.

[45] 谢新民, 陈守煜, 王本德, 等. 地表-地下水资源系统多目标管理模型与模糊决策研究 [J]. 大连理工大学学报, 1994, 34 (2): 240 – 248.

[46] 翁文斌, 蔡喜明, 王浩, 等. 宏观经济水资源规划多目标决策分析方法研究及应用 [J]. 水利学报, 1995, 26 (2): 1 – 11.

[47] 王忠静, 翁文斌, 马宏志. 干旱内录区水资源可持续利用规划方法研究 [J]. 清华大学学报 (自然科学版), 1998 (1): 35 – 38, 60.

[48] 尹明万, 李令跃. 大连市大沙河流域规划 [R]. 北京: 中国水利水电科学研究院, 1999.

[49] 黄强，王增发，畅建霞，等. 城市供水水源联合优化调度研究 [J]. 水利学报，1999 (5)：58-63.

[50] 王浩，秦大庸，王建华，等. 黄淮海流域水资源合理配置 [M]. 北京：科学出版社，2003.

[51] 谢新民，赵文骏，裴源生，等. 宁夏水资源优化配置与可持续利用战略研究 [M]. 郑州：黄河水利出版社，2002.

[52] 谢新民，张海庆. 水资源评价及可持续利用规划理论与实践 [M]. 郑州：黄河水利出版社，2003.

[53] 贺北方，周丽，马细霞，等. 基于遗传算法的区域水资源优化配置模型 [J]. 水电能源科学，2002，20 (3)：10-12.

[54] 左其亭，陈曦. 面向可持续发展的水资源规划与管理 [M]. 北京：中国水利水电出版社，2003.

[55] 赵丹，邵东国，刘丙军. 灌区水资源优化配置方法及应用 [J]. 农业学报，2004，20 (4)：69-73.

[56] 赵勇. 广义水资源合理配置研究 [D]. 北京：中国水利水电科学研究院，2006.

[57] 裴源生，赵勇，张金萍. 广义水资源合理配置研究 (Ⅰ)：理论 [J]. 水利学报，2007，3 (1)：1-7.

[58] 赵勇，裴源生，秦长海，等. 广义水资源合理配置研究 (Ⅱ)：应用实例 [J]. 水利学报，2007，38 (3)：274-281.

[59] 魏传江. 水资源配置中的生态耗水系统分析 [J]. 中国水利水电科学研究院学报，2006 (4)：282-286.

[60] 魏传江，王浩. 区域水资源配置系统网络图 [J]. 水利学报，2007 (9)：1103-1108.

[61] 赵建世，王忠静，翁文斌，等. 水资源系统的复杂性理论方法与应用 [M]. 北京：清华大学出版社，2008.

[62] 蒋云钟，赵红莉，甘治国，等. 基于蒸腾蒸发量指标的水资源合理配置方法 [J]. 水利学报，2008 (6)：720-725.

[63] 刘贯群，张玉芳，王言思，等. 内蒙李井灌区地下水补给及水资源优化配置研究 [J]. 干旱区资源与环境，2010 (2)：62-68.

[64] 王忠静，王光谦，王建华，等. 基于水联网及智慧水利提高水资源效能 [J]. 水利水电技术，2013，44 (1)：1-6.

[65] 陈红光，李晨洋，李晓丹. 基于风险分析的三江平原灌区多水源联合调度方案优化决策研究 [J]. 水土保持研究，2013，20 (4)：273-276.

[66] 吴丹，王士东，马超. 基于需求导向的城市水资源优化配置模型 [J]. 干旱区资源与环境，2016，30 (2)：30-37.

[67] 邓坤，张璇，杨永生，等. 流域水资源调度研究综述 [J]. 水利经济，2011，29 (6)：23-27.

[68] 黄强，王世定. 水库的线性和非线性调度规则的研究 [J]. 水资源与水工程学报，1992 (3)：10-17.

[69] 解建仓，索丽生，谈为雄. 水电站水库调度规则校正问题的探讨 [J]. 西安理工大学学报，1996 (3)：226-231.

[70] 田峰巍，黄强，解建仓. 水库实施调度及风险决策 [J]. 水利学报，1998 (3)：58-63.

[71] Chen L. A study of optimizing the rule curve of reservoir using object oriented genetic algorithms [D]. Taibei：National Taiwan University，1995.

[72] Chang F J，Chen J. Real-coded genetic algorithm for rulebased flood control reservoir management [J]. Water Resources Management，1998，12 (3)：185-198.

[73] Llich N，Simonovic S P，Amron M. The benefits of computerized realtimer river basin management in the Malahay Reservoir system [J]. Canadian Journal of Civil Engineering，2000，27 (1)：55-64.

[74] Hall W A，Shephard R W. Optimum operation for planning of a complex water resources system [C]. Water Resources Center，School of Engineering and Applied Science. San Francisco：University of California，1967.

[75] Windsor J S. Optimization model for reservoir flood control [J]. Resources Research，1973，9 (5)：1219-1226.

[76] 王厥谋. 丹江口水库防洪优化调度模型简介 [J]. 水利水电技术，1985 (8)：54-58.

[77] 王栋，曹升乐，员如安. 水库群系统防洪联合调度的线性规划模型及仿射变换法 [J]. 水利管理技术，1998，18 (3)：1-5.

[78] 董增川，许静仪. 水电站库群优化调度的多次动态线性规划方法 [J]. 河海大学学报，1990 (6)：63-69.

[79] 陈守煜. 多阶段多目标决策系统模糊优选理论及其应用 [J]. 水利学报，1990 (1)：1-10.

[80] 李文家，许自达. 三门峡—陆浑—故县三水库联合防御黄河下游洪水最优调度模型探讨 [J]. 人民黄河，1990 (4)：21-25.

[81] Ahmed I. On the determination of multi-reservoir operation policy under uncertainty [D]. Tucson：The University of Arizona，2001.

[82] 史振铜. 南水北调东线江苏段"单库—单站"及"多库"水资源优化调度方法研究 [D]. 扬州：扬州大学，2015.

[83] Mohan S，Raipure D M. Multi-objective analysis of multi-reservoir system [J]. Journal of Water Resources Planning and Management，1992，9 (5)：356-370.

[84] 吴保生，陈惠源. 多库防洪系统优化调度的一种解算方法 [J]. 水利学报，1991，22 (11)：35-40.

[85] 彭晶. 基于 GIS 的多目标动态水资源优化配置研究 [D]. 天津：天津大学，2013.

[86] 张勇传，李福生，熊斯毅，等. 水电站水库群优化调度方法的研究 [J]. 水力发电，1981 (11)：48-52.

[87] 钟清辉，邝凤山. 一种库群优化补偿调节模型及其基于大系统分解协调的算法（英文）[J]. 水电能源科学，1988 (1)：57-68.

［88］ 万俊，陈惠源. 梯级水电站群优化补偿大系统分解协调模型软件研究 ［J］. 人民长江，1994 (10)：36-40，63.

［89］ 黄志中，周之豪. 大系统分解—协调理论在库群实时防洪调度中的应用 ［J］. 系统工程理论方法应用，1995 (3)：53-59.

［90］ 郝永怀，杨侃，周冉，等. 三峡梯级短期优化调度大系统分解协调法的应用 ［J］. 河海大学学报 (自然科学版)，2012，40 (1)：70-75.

［91］ 王莹. 三峡、清江梯级水电站联合调度方法研究与应用 ［D］. 武汉：华中科技大学，2013.

［92］ 赵璧奎. 城市原水系统水质水量联合调度优化方法及应用研究 ［D］. 北京：华北电力大学，2013.

［93］ 李会安，黄强. 黄河上游水库群防凌优化调度研究 ［J］. 水利学报，2001，32 (7)：51-56.

［94］ Huang W C，Yuan L C，Lee C M. Linking genetic algorithms with stochastic dynamic programming to the long-term operation of a multi-reservoir system ［J］. Wate Resources Research，2002，38 (12)：1-9.

［95］ 陈守煜，李庆国. 一种新的模糊聚类神经网络及其在水资源评价中的应用 ［J］. 水利学报，2005 (6)：662-666.

［96］ 方国华，耿建强. 水库优化调度扰动遗传算法研究 ［J］. 水电能源科学，2009，27 (6)：38-40.

［97］ 郭卫，方国华，黄显峰. 基于人工鱼群遗传算法的梯级水库优化调度研究 ［J］. 水电能源科学，2011，29 (6)：49-51，165.

［98］ 成鹏飞，方国华，黄显峰. 基于改进人工蜂群算法的水电站水库优化调度研究 ［J］. 中国农村水利水电，2013 (4)：109-112.

［99］ 赵恩龙. 基于多目标遗传算法的灌区水资源优化调度研究 ［D］. 武汉：长江科学院，2013.

［100］ 钟平安，张卫国，张玉兰，等. 水电站发电优化调度的综合改进差分进化算法 ［J］. 水利学报，2014，45 (10)：1147-1155.

［101］ 黄显峰，朱晓茜，方国华，等. 基于遗传粒子群算法的水库群防洪优化调度研究 ［C］//中国水利学会. 中国水利学会 2015 学术年会论文集 (下册)，2015.

［102］ 闫塈，钟平安，万新宇. 滨海地区水资源多目标优化调度模型研究 ［J］. 南水北调与水利科技，2016，14 (1)：59-66.

［103］ 王攀，方国华，郭玉雪，等. 水资源优化调度的改进量子遗传算法研究 ［J］. 三峡大学学报 (自然科学版)，2016，38 (5)：7-13.

［104］ Han Y，Xu S，Xu X. Modeling multisource multiuser water resources allocation ［J］. Water Resources Management，2008，22 (7)：911-923.

［105］ Chagwiza G，Jones B C，Hove-Musekwa SD，et al. A generalised likelihood uncertainty estimation mixed-integer programming model：Application to a water resource distribution network ［J］. Cogent Mathematics，2015，2 (1)：1048076.

[106] Zhang L, Li C Y. An inexact two – stage water resources allocation model for sustainable development and management under uncertainty [J]. Water Resources Management, 2014, 28 (10): 3161 – 3178.

[107] Tian Y, Zheng Y, Zheng C. Development of a visualization tool for integrated surface water – groundwater modeling [J]. Computers & Geosciences, 2016 (86): 1 – 14.

[108] Percia C, Oron G, Mehrez A. Optimal operation of regional system with diverse water quality sources [J]. Journal of Water Resources Planning and Management, 1997, 203 (5): 230 – 237.

[109] 陈沂. 水资源评价指标体系初探 [J]. 水利水电工程设计, 2001 (2): 13 – 15.

[110] 冯耀龙, 练继建, 韩文秀. 区域水资源系统可持续发展评价研究 [J]. 水利水电技术, 2001, 32 (12): 9 – 10

[111] 崔振才, 田文苓. 区域水资源与社会经济协调发展评价指标体系研究 [J]. 河北工程技术高等专科学校学报, 2002 (1): 15 – 19.

[112] 刘恒, 耿雷华, 陈晓燕. 区域水资源可持续利用评价指标体系的建立 [J]. 水科学进展, 2003 (3): 265 – 270.

[113] 张斌, 黄显峰, 方国华, 等. 基于水足迹理论的连云港市水资源安全评价 [J]. 中国农村水利水电, 2012 (6): 61 – 64.

[114] 袁鹰, 甘泓, 汪林, 等. 水资源承载能力三层次评价指标体系研究 [J]. 水资源与水工程学报, 2006 (3): 13 – 17.

[115] 王金兰, 方国华, 郭天翔, 等. 高淳县水资源承载能力多目标综合评价研究 [J]. 水利经济, 2009, 27 (5): 4 – 6, 13, 75.

[116] 李柏山. 水资源开发利用对汉江流域水生态环境影响及生态系统健康评价研究 [D]. 武汉: 武汉大学, 2014.

[117] 刘雅玲, 罗雅谦, 张文静, 等. 基于压力-状态-响应模型的城市水资源承载力评价指标体系构建研究 [J]. 环境污染与防治, 2016, 38 (5): 100 – 104.

[118] 杨丹, 张昊, 管西柯, 等. 区域最严格水资源管理 "三条红线" 评价指标体系的构建 [J]. 水电能源科学, 2013, 31 (12): 182 – 185.

[119] 刘晓, 刘虹利, 王红瑞, 等. 北京市水资源管理 "三条红线" 指标体系与评价方法 [J]. 自然资源学报, 2014, 29 (6): 1017 – 1028.

[120] 孟颖, 唐德善, 石蓝星, 等. 基于改进指标体系的水资源调控方案评价模型 [J]. 长江科学院院报, 2017, 34 (5): 9 – 13.

[121] Huang X F, Fang G H. Water resources allocation effect evaluation based on Chaotic Neural Network Model [J]. Journal of Computers, 2010, 5 (8): 1169 – 1176.

[122] Lu Z L, Chen W Y, Hamman J H. Chitosan – polycarbophil interpolyelectrolyte complex as a matrix former for controlled release of poorly water – soluble drugs I: in vitro evaluation [J]. Drug Development and Industrial Pharmacy, 2010, 36 (5): 539 – 546.

[123] Mokhtar M B, Ajlouni M F A, Elfitrie R. Integrated water resources management im-

proving Langat basin ecosystem health [J]. American Journal of Environmental Sciences，2008，4（4）：380.

[124] Sechi G M，Zucca R. Water resource allocation in critical scarcity conditions：a bankruptcy game approach [J]. Water Resources Management，2015，29（2）：541－555.

[125] 王好芳，董增川. 区域水资源可持续开发评价的层次分析法 [J]. 水力发电，2002（7）：12－14，76.

[126] 吴泽宁，崔萌，曹茜，等. BP 网络模型在水资源利用方案评价中的应用 [J]. 南水北调与水利科技，2004（3）：25－28.

[127] 王浩，王建华，贾仰文，等. 现代环境下的流域水资源评价方法研究 [J]. 水文，2006，26（3）：18－21，92.

[128] 方国华，胡玉贵，徐瑶. 区域水资源承载能力多目标分析评价模型及应用 [J]. 水资源保护，2006（6）：9－13.

[129] 方国华，郭天翔，黄显峰. 区域水资源承载能力模糊综合评价研究 [J]. 海河水利，2010（4）：1－4.

[130] 何格，唐德善. 基于改进物元可拓模型的水资源配置方案评价 [J]. 水电能源科学，2012（12）：24－26，138.

[131] 杨晓华，杨志峰. 区域水资源潜力综合评价的遗传投影寻踪方法 [J]. 自然科学进展，2003，13（5）：554－556.

[132] 李俊晓，李朝奎，罗淑华，等. 基于 AHP－模糊综合评价方法的泉州市水资源可持续利用评价 [J]. 水土保持通报，2015，35（1）：210－214，286.

[133] 莱切尔·卡逊（Rachel Carson）. 寂静的春天 [M]. 北京：科学出版社，1979.

[134] 世界环境与发展委员会：我们共同的未来 [M]. 长春：吉林人民出版社，1997.

[135] 牛文元. 可持续发展理论的内涵认知——纪念联合国里约环发大会 20 周年 [J]. 中国人口·资源与环境，2012，22（5）：9－14.

[136] 刘再兴. 区域经济学理论与方法 [M]. 北京：中国物价出版社，1996：62－72

[137] 刘国安，杨开忠. 新经济地理学理论与模型评价 [J]. 经济学动态，2001（12）：59－62.

[138] 崔吉峰，李翔，乞建勋，等. 中国能源可持续利用模式对策与建议 [J]. 新华文摘，2008（19）：168.

[139] 瞿成元. 均衡理论的梳理与矛盾分析——基于现代经济学视角 [J]. 当代经济，2017，10：145－147.

[140] 殷峻暹，张丽丽，蒋云忠，等. 多维均衡生态调控理论与实践——以长江流域为例 [M]. 北京：中国水利水电出版社，2011.

[141] Wang T，Fang G H，Xie X M，et al. A multi－dimensional equilibrium allocation model of water resources based on a groundwater multiple loop iteration technique [J]. Water 2017，9（19）.

[142] 魏传江，韩俊山，韩素华. 流域/区域水资源全要素优化配置关键技术及示范 [M]. 北京：中国水利水电出版社，2012.

［143］ 周翔南 . 水资源多维协同配置模型及应用 ［D］. 北京：中国水利水电科学研究院，
2015.

［144］ Hamed K H. Exact distribution of the Mann – Kendall trend test statistic for persistent
data ［J］. Hydrology, 2009 (1): 86 – 94.

［145］ Xu Z X, Takeuchi K, Ishidaira H. Monotonic trend and step changes in Japanese pre-
cipitation ［J］. Journal of Hydrology, 2003, 279 (1 – 4): 144 – 150.

［146］ 刘叶玲，翟晓丽，郑爱勤 . 关中盆地降水量变化趋势的 Mann – Kendall 分析 ［J］. 人
民黄河，2012, 34 (2): 28 – 33.

［147］ 王鹏全 . 金昌市水库群联合供水优化调度研究 ［D］. 兰州：兰州理工大学，2016.

［148］ 傅荟璇，赵红 . Matlab 神经网络应用设计 ［M］. 北京：机械工业出版社，2009.

［149］ 张德丰 . Matlab 神经网络应用设计 ［M］. 北京：机械工业出版社，2009.

［150］ Matlab 中文论坛 . Matlab 神经网络 30 个案例分析 ［M］. 北京：北京航空航天大学出
版社，2010.

［151］ 王泽平 . 基于 GA – BP 与多隐层 BP 网络模型的水质预测及比较分析 ［J］. 水资源与
水工程学报，2013, 24 (3): 154 – 160.

［152］ 张义，张全平 . 基于生态服务的广西水生态足迹分析 ［J］. 生态学报，2013, 33
(13): 4111 – 4124.

［153］ 吴学文，索丽生，王志坚 . 基于 SVM 的入库径流混沌时间序列预测模型及应用 ［J］.
系统仿真学报，2011, 23 (11): 2556 – 2559.

［154］ 于海姣，温小虎，冯起，等 . 基于支持向量机（SVM）的祁连山典型小流域日降水—
径流模拟研究 ［J］. 水资源与水工程学报，2015, 26 (2): 26 – 31.

［155］ 魏婧，梅亚东，杨娜，等 . 现代水资源配置研究现状及发展趋势 ［J］. 水利水电科技
进展，2009, 29 (4): 73 – 77.

［156］ 李晓英，顾文钰 . 水均衡法在区域地下水资源量评价中的应用研究 ［J］. 水资源与水
工程学报，2014, 25 (1): 87 – 90.

［157］ 中华人民共和国建设部，中华人民共和国国家质量监督检验检疫总局 . 机井技术规
范：GB/T 50625—2010 ［S］. 北京：中国计划出版社，2000.

［158］ 李征 . 地下水开采量计算方法概述 ［J］. 海河水利，2014 (1): 34 – 36.

［159］ Wang T, Liu Y, Wang Y, et al. A Multi – Objective and Equilibrium Scheduling Mod-
el Based on Water Resources Macro Allocation Scheme ［J］. Water Resources Manage-
ment, 2019, 33 (10): 3355 – 3375.

［160］ 方国华，黄显峰 . 多目标决策理论、方法及其应用 ［M］. 北京：科学出版社，2011.

［161］ Kennedy J, Eberhart R. Particle Swarm Optimization ［C］//Proceedings of IEEE In-
ternational Conference on Neural Networks, 1995: 1942 – 1948.

［162］ 陈如清，俞金寿 . 混沌粒子群混合优化算法的研究与应用 ［J］. 系统仿真学报，2008,
20 (6): 685 – 688.

［163］ 范剑超，韩敏 . 基于高斯微粒群优化的动态神经网络延迟系统辨识 ［J］. 控制与决
策，2010, 25 (6): 1703 – 1706.

[164] Liu Y, Wang T, Fang G H, et al. Integrated Prediction and Evaluation of Future Urban Water Ecological Sustainability From the Perspective of Water Ecological Footprint: A Case Study of Jinan, China [J]. Fresenius Environmental Bulletin, 2018, 27 (10): 6469 – 6477.

[165] Rees W. Ecological footprints and appropriated carrying capacity: What urban economics leave out? [J]. Environment Urbanization, 1992, 4 (2): 121 – 130.

[166] Rees W, Wackernagel M. Urban ecological footprint: Why cities cannot be sustainable – and why they are a key to sustainability [J]. Environment Impact Assessment Review, 1996, 16 (4): 223 – 248.

[167] Wackernagel M, Onisto L, Bello P, et al. National natural capital accounting with the ecological footprint concept [J]. Ecological Economic, 1999 (29): 375 – 390.

[168] 黄林楠, 张伟新, 姜翠玲, 等. 水资源生态足迹计算方法 [J]. 生态学报, 2008, 28 (3): 1279 – 1286.

[169] 张义, 张合平, 郭琳. 我国水生态足迹研究进展 [J]. 水电能源科学, 2013, 31 (2): 57 – 60.

[170] 李艳娟. 济南市水资源生态足迹计算与水环境分析 [D]. 济南: 山东师范大学, 2010.

[171] 范晓秋. 水资源生态足迹研究与应用 [D]. 南京: 河海大学, 2005.

[172] 李芬, 孙然好, 杨丽蓉, 等. 基于供需平衡的北京地区水生态服务功能评价 [J]. 应用生态学报, 2010, 21 (5): 1146 – 1152.

[173] Coastanza R, Arge R, Groot R. The value of the world ecosystem services and nature [J]. Nature, 1997, 387 (15), 253 – 260.

[174] Wackernagel M, Galli A. An overview on ecological footprint and sustainable development: a chat with Mathis Wackernagel [J]. International Journal of Ecodynamics, 2007, 2 (1), 1 – 9.